Berichte des Ausschusses für Versuche im Stahlbau

Herausgegeben vom

Deutschen Stahlbau-Verband (D. St. V.) (früher Deutscher Eisenbau-Verband)

Bisher sind erschienen:

Ausgabe A, Heft 1:

Der Einfluß der Nietlöcher auf die Längenänderung von Zugstäben und die Spannungsverteilung in ihnen

Nach Versuchen im Königlichen Materialprüfungsamt zu Berlin-Lichterfelde
Berichterstatter: Geh. Regierungsrat Professor Dr.-Ing. **Max Rudeloff**
Mit 30 Textfiguren. IV und 65 Seiten. 1915.
Preis RM 3.60 (abzgl. 10 % Notnachlaß)

Ausgabe B, Heft 1:

Zur Einführung — Bisherige Versuche

Berichterstatter: Reg.-Baumeister a. D. Dr.-Ing. **Kögler**
Mit 26 Abbildungen. IV und 56 Seiten. 1915.
Preis RM 1.65 (abzgl. 10 % Notnachlaß)

Ausgabe A, Heft 2:*)

Versuche zur Prüfung und Abnahme der 3000 t-Maschine

Berichterstatter: Geh. Regierungsrat Professor Dr.-Ing. **Max Rudeloff**
Mit 73 Textfiguren. III und 82 Seiten. 1920.
Preis RM 3.80 (abzgl. 10 % Notnachlaß)

Ausgabe A, Heft 3:*)

Versuche mit Anschlüssen steifer Stäbe

Berichterstatter: Geh. Regierungsrat Professor Dr.-Ing. **Max Rudeloff**
Mit 96 Textfiguren. III und 84 Seiten. 1921.
Preis RM 3.80 (abzgl. 10 % Notnachlaß)

Ausgabe B, Heft 4:

Versuche zur Ermittlung der Knickspannungen für verschiedene Baustähle

Von **W. Rein,** o. Professor an der Technischen Hochschu Breslau
Mit 42 Textabbildungen. VI und 55 Seiten. 1930.
Preis RM 6.— (abzgl. 10 % Notnachlaß)

Ausgabe B, Heft 5:

Dauerversuche mit Nietverbindungen

Von **O. Graf,** Professor an der Technischen Hochschule Stuttgart
Mit 69 Textabbildungen und 7 Zusammenstellungen. VI und 51 Seiten u. eine Tafel. 1935.
Preis RM 6.—

*) Die für die Ausgabe B in Aussicht genommenen Hefte 2 und 3 erscheinen nicht unter Hinweis auf die schon in den Heften 2 und 3 der Ausgabe A enthaltenen Angaben.

Ergebenst überreicht vom

Deutschen Stahlbau-Verband

Berlin W 35, Potsdamer Straße 24/25

Deutscher Stahlbau-Verband (D. St. V.)
(früher Deutscher Eisenbau-Verband)

Berichte des Ausschusses für Versuche im Stahlbau

Ausgabe B

Heft 5

Dauerversuche mit Nietverbindungen

Von

Otto Graf

Professor an der Technischen Hochschule Stuttgart

Mit 69 Textabbildungen
und 7 Zusammenstellungen

Springer-Verlag Berlin Heidelberg GmbH
1935

ISBN 978-3-7091-9744-8 ISBN 978-3-7091-9991-6 (eBook)
DOI 10.1007/978-3-7091-9991-6

Ursprünglich erschienen bei Julius Springer in Berlin in 1935.

Vorwort.

Mit der zunehmenden Verwendung der hochwertigen Stähle im Stahlbau begann ein neuer Abschnitt der Versuchsforschung im Ausschuß für Versuche im Stahlbau. Es galt, die Widerstandsfähigkeit der Stahlbauelemente, insbesondere der Nietverbindungen, gegenüber oftmals in rascher Folge wiederholten Beanspruchungen zu ermitteln. Ihren Ausgang nahm die neue Versuchsforschung in Stuttgart. Reichsbahnoberrat Dr. Schaechterle und Professor Graf bewiesen durch einige Vorversuche die Notwendigkeit solcher Dauerversuche.

In jahrelanger Arbeit, die unter Leitung von Reichsbahndirektor Geh. Baurat Dr.-Ing. e. h., Dr. techn. h. c. Schaper selbst während der Wirtschaftskrise von der Deutschen Reichsbahn-Gesellschaft und dem Deutschen Stahlbau-Verband tatkräftig unterstützt wurde, wurden wichtige Erkenntnisse über das Verhalten der verschiedenen Baustähle bei Dauerbeanspruchungen und über die herstellungstechnischen und konstruktiven Einflüsse auf die Dauerfestigkeit von Nietverbindungen gewonnen. Im Hinblick auf die Bedeutung der Ergebnisse dieser Versuche für Wissenschaft, Verwaltung, Aufsichtsbehörde und Stahlbauindustrie entschloß sich der Ausschuß für Versuche im Stahlbau zur Herausgabe des vorliegenden zusammenfassenden Berichtes von Professor Graf über die Stuttgarter Nietversuche. Obwohl schon Einzelergebnisse in verschiedenen Fachzeitschriften veröffentlicht sind, dürfte diese umfassende Zusammenstellung der Versuche, die auch die chronologische Entwicklung dieser Forschungsarbeit wiedergibt, das besondere Interesse der Fachwelt beanspruchen. Manche der für die Berechnung und Herstellung von Stahlbauwerken neu eingeführten Bestimmungen ist in den vorliegenden Ergebnissen begründet. Auch für die Entwicklung der Versuchseinrichtungen, insbesondere der Pulsationsmaschinen, deren Anschaffung ebenfalls die Deutsche Reichsbahn-Gesellschaft und der Deutsche Stahlbau-Verband finanziell weitgehend unterstützt haben, liefert der Bericht wertvolle Aufschlüsse.

Es ist uns eine angenehme Pflicht, dem Verfasser, Herrn Professor Graf, sowie Herrn Reichsbahnoberrat Dr. Schaechterle, für ihre wertvolle Forschungsarbeit auch an dieser Stelle verbindlichst zu danken.

Schließlich danken wir der Verlagsbuchhandlung Julius Springer für die vorzügliche Ausgestaltung des Buches.

Ausschuß für Versuche im Stahlbau
Dr.-Ing. e. h. R. Eggers.

Inhaltsverzeichnis.

Dauerversuche mit Nietverbindungen.

Von Professor **Otto Graf.**

Einleitung.

Bei den Erörterungen über die Verwendung von Stählen höherer Festigkeit zum Stahlbau und bei der Festlegung der zulässigen Spannungen für solche Stähle trat die Frage auf, inwieweit die Nietverbindungen aus Stählen höherer Festigkeit höher beansprucht werden können als gleiche Verbindungen aus St 37, wenn es sich um Anstrengungen durch oftmals wiederholte Belastungen handelt[1]. Die bis dahin bekannten Feststellungen über die Dauerfestigkeit von Konstruktionselementen waren nicht hinreichend, um die gestellte Frage zu beantworten[2]. Es fehlten Untersuchungen mit Proben, die den praktischen Verhältnissen nahekommen. Solche Versuche waren bis dahin nicht ausgeführt worden u.a., weil die Einrichtungen fehlten, die für die Prüfung von Nietverbindungen geeignet erschienen.

Nach einem Arbeitsplan, den Reichsbahnoberrat Dr.-Ing. Schaechterle im Benehmen mit dem Berichter aufgestellt hat und der vom Ausschuß für Versuche im Stahlbau gutgeheißen war, wurden im Jahre 1928 Versuche aufgenommen, die zunächst zeigen sollten, ob Nietverbindungen aus St Si und St 48 gegenüber Zugbelastungen, die fast in ihrer ganzen Größe oftmals wiederkehren, widerstandsfähiger sind als Nietverbindungen aus St 37. Dasselbe geschah später mit Nietverbindungen aus verschiedenen St 52. Dabei waren die Nietverbindungen meist derart konstruiert, daß die Spannungen σ, σ_l und τ im Verhältnis 1:1,5:0,55 standen; die Schubspannung der Niete und der Lochleibungsdruck lagen im Vergleich zu σ immer unterhalb der zulässigen Grenzen. Es zeigte sich, daß die Verbindungen mit den Stählen St Si, St 48 und St 52 unter oftmals wiederkehrenden Zuglasten nur zu einem bescheidenen Teile widerstandsfähiger waren als Verbindungen aus St 37.

Nach diesen Feststellungen erschien es geboten, die wesentlichen Bedingungen, welche für die Widerstandsfähigkeit einer Nietverbindung unter oftmals wiederholter Zugbelastung gelten, im einzelnen zu verfolgen. Dazu hat der Verfasser vorgeschlagen, zunächst die in Betracht kommenden Stähle vergleichsweise an gebohrten Stäben zu prüfen und dann weiterhin mit geeignet erscheinenden Stählen Untersuchungen in Nietverbindungen anzustellen, um zu erkennen, inwieweit die Dauerfestigkeit, die mit dem gebohrten Stab ermittelt wird, in den Nietverbindungen zur Geltung kommt, wenn das Verhältnis der Zuganstrengung σ zur Schubanstrengung τ der Niete bzw. zum Lochleibungsdruck σ_l in den üblichen Grenzen oder darüber hinaus — einzeln oder zusammen — geändert wird. Diese Aufgabe ist mit Mitteln der Notgemeinschaft der deutschen Wissenschaft, der Vereinigung von Freunden der Technischen Hochschule Stuttgart und der C. Bach-Stiftung des Vereines deutscher Ingenieure aufgenommen worden[3]; dazu traten Versuche im Auftrag des Ausschusses für Versuche im Stahlbau, für die Industrie und für die Reichsbahndirektion Stuttgart.

---

[1] Vgl. u. a. Schaper: Bautechn. 1924, S. 223 u. S. 511; 1926, S. 237. — Erlinghagen: Bautechn. 1924, S. 596. — Kommerell: Bautechn. 1926, S. 686. — Schaechterle: Bautechn. 1928, S. 81. — Graf: Z. VDI. 1928, S. 788.

[2] Über die grundsätzlichen Bedingungen für die Erlangung hoher Dauerfestigkeiten vgl. Graf: Die Dauerfestigkeit der Werkstoffe und der Konstruktionselemente. Berlin: Julius Springer.

[3] Über einen Teil dieser Versuche vgl. Graf: Dauerfestigkeit von Stählen mit Walzhaut, ohne und mit Bohrung, von Niet- und Schweißverbindungen. VDI-Verlag 1931.

Weiterhin zeigten die ersten Versuche, daß der Reibungswiderstand in den Nietverbindungen, welche Niete hoher Festigkeit enthielten, geringer war als bei Verwendung von Nieten aus St 34. Dementsprechend sind mit Mitteln der Industrie und der Robert-Bosch-Stiftung der Technischen Hochschule Stuttgart Versuche ausgeführt worden, die erkennen ließen, welche Bedingungen für die Erlangung hoher Klemmspannungen in den Nietverbindungen eingehalten werden sollen. Weiter ist die Bedeutung der Reibung in den Nietverbindungen derart verfolgt worden, daß Stücke ohne und mit Anstrich geprüft wurden. Diese Versuche liegen z.T. im Rahmen von Feststellungen, die anläßlich des Baues der Blaubeurertorbrücke in Ulm a.d.D. für die Reichsbahndirektion Stuttgart auszuführen waren.

Dann war festzustellen, ob die Erkenntnisse, welche bei oftmals wiederholter Zugbelastung (Ursprungsbelastung) gewonnen worden sind, verwertet werden können, wenn die Beanspruchung nicht in ihrer ganzen Größe oftmals wiederholt wird, sondern ein Teil der Zugbelastung als ruhende Belastung vorhanden ist. Diese Versuche sind z.T. mit Unterstützung der C. Bach-Stiftung des Vereines deutscher Ingenieure, zu einem andern Teil im Auftrag des Ausschusses für Versuche im Stahlbau ausgeführt worden.

Ferner war wichtig, festzustellen, ob die Schwingungsweite, welche eine Nietverbindung bei Ursprungsbelastung erträgt, größer oder nicht größer ist als die Schwingungsweite, welche beim Wechsel zwischen Zug- und Druckbelastungen auftritt. Hierzu mußte zunächst eine Versuchseinrichtung geschaffen werden. Diese konnte entstehen, nachdem der Deutsche Stahlbau-Verband, Berlin, die Deutsche Reichsbahngesellschaft, der Verein deutscher Eisenhüttenleute, der Deutsche Nietenverband und nicht zuletzt die Maschinenbaugesellschaft Augsburg-Nürnberg, Werk Nürnberg, weitgehende Hilfe gewährten. Die mit der neuen Maschine ausgeführten Versuche sind im Auftrag des Ausschusses für Versuche im Stahlbau aufgenommen worden.

Schließlich war zu untersuchen, ob die Zahl der Lastwechsel, die in der Einheit der Zeit eintritt, innerhalb praktisch wichtiger Grenzen die Dauerfestigkeit beeinflußt.

Im vorliegenden wird über die bis Mitte 1934 ausgeführten Untersuchungen berichtet.

Bei der Schaffung der erforderlichen Einrichtungen, bei der Aufstellung der Arbeitspläne und bei der Durchführung der Versuche hat Herr Oberingenieur Brenner in den ersten Jahren den Hauptteil der Arbeit geleistet; später übernahm Herr Ingenieur Munzinger die Ausführung der Mehrzahl der Versuche, Herr Dr.-Ing. Weil die Ausführung der Versuche beim Wechsel von Zug- und Druckbelastungen.

I. Versuche mit ein- und dreireihigen Nietverbindungen aus St 37, St Si, St 48 und St 52, durchgeführt in den Jahren 1928 bis 1931.

1. Bauart der Nietverbindungen.

Die Bauart der Verbindungen ist in Spalte 2 der Zusammenstellung 1 angegeben. Die Spalte 10 zeigt die Beziehungen zwischen σ, σ_l und τ; sie betragen für die einreihigen Verbindungen rd. 1:2,5:0,7, für die dreireihigen Nietverbindungen rd. 1:1,5:0,55. Diese Verhältniszahlen liegen also bei den einreihigen Verbindungen nahe den früher für St 37 vorgeschriebenen Grenzen von 1:2,5:0,8; bei den dreireihigen Verbindungen blieben die Beanspruchungen σ_l und τ verhältnismäßig bedeutend niedriger.

Mit den Verbindungen der Zusammenstellung 1 sollte zunächst festgestellt werden, inwieweit Nietverbindungen aus Stählen höherer Festigkeit unter sonst gleichen Bedingungen widerstandsfähiger sind als Nietverbindungen aus St 37, wenn zu den Stählen höherer Festigkeit auch Niete aus solchem Stahl benutzt wurden. Während der Durchführung der Versuche hat sich gezeigt, daß der Einfluß des Nietmaterials weitergehend beachtet werden muß, weshalb zu Blechen aus St 52 wiederholt sowohl harte als auch weiche Niete benutzt wurden (vgl. Spalte 4 der Zusammenstellung 1). Dabei sind die Verhältniszahlen von $\sigma:\sigma_l:\tau$ für beide Nietmaterialien gleichgehalten worden.

Die Entfernungen der Nietlöcher unter sich, sowie vom Rand der Bleche sind nach den Grundsätzen der deutschen Reichsbahngesellschaft für die bauliche Durchführung eiserner Eisenbahnbrücken bemessen. Die Laschenstärken wurden reichlich gewählt; sie sind jeweils gleich der Blechdicke ausgeführt.

2. Festigkeitseigenschaften der Bleche und Niete.

Die Bleche und Niete wurden zu einem Teil aus Beständen der Firma Johannes Dörnen in Dortmund-Derne und der Firma B. Seibert in Aschaffenburg entnommen, zum andern Teil sind sie von Hüttenwerken zur Verfügung gestellt worden.

Über die Festigkeitseigenschaften der Materialien geben die Spalten 5—9 der Zusammenstellung 1 Auskunft. Die dort eingetragenen Werte sind Mittelwerte. Hiernach fand sich die Zugfestigkeit

für Bleche aus St 37 zu 37,7—41,0 kg/mm²,
für Bleche aus St 48 zu 55,0 kg/mm²,
für Bleche aus St Si zu 58,1—61,7 kg/mm²,
für Bleche aus St 52 zu 54,3—62,6 kg/mm².

Auf weitere Untersuchungen mit den verwendeten Materialien wird später noch eingegangen, so auch auf Untersuchungen über die Schwingungsfestigkeit von polierten Rundstäben, welche bei minutlich 3000 Umläufen auf Biegung beansprucht worden sind (vgl. unter c, β, S. 17, Anm. 2).

3. Herstellung der Nietverbindungen.

Die Herstellung der Nietverbindungen geschah in der Hauptsache in den Brückenbauwerkstätten D, A und K unter Aufsicht des Brückenbüros der Reichsbahndirektion Stuttgart.

Zusammen-

1	2	3	4	5	6	7	8	9	10	11	12	13	14
Reihe	Bauart der Nietverbindungen	Baustoffe: der Bleche und Laschen	Baustoffe: der Niete	Festigkeitseigenschaften der Bleche[1] (Mittelwerte): σ_{80} kg/mm²	K_z kg/mm²	δ %	ψ %	Kugeldruckhärte der Niete H_{n^6} kg/mm²	Verhältnis der Anstrengungen der Nietverbindungen $\sigma : \sigma_l : \tau$	Gewöhnliche Zugver…: τ bei $P_{0,01\,bl}$[2]	Anstrengungen unter P_b[3]: σ $\left(\frac{\sigma}{\sigma_{80}}\right)$ kg/mm²	σ_l kg/mm²	τ kg/mm²
A 1 a (*D*)	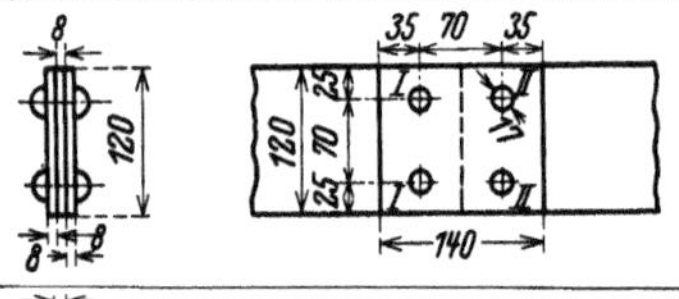	St 37	St 34	27,7	40,1	28	60	132	1: 2,48: 0,79	10,2	24,4 (0,88)	60,5	19,0
C 1 a (*A*)	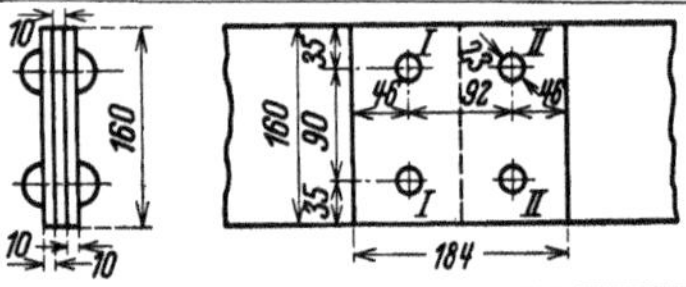	St 37	St 34	32,0	41,0	24	63	130	1: 2,40: 0,66	8,5	21,5 (0,67)	51,7	14,2
A 3 a (*A*)	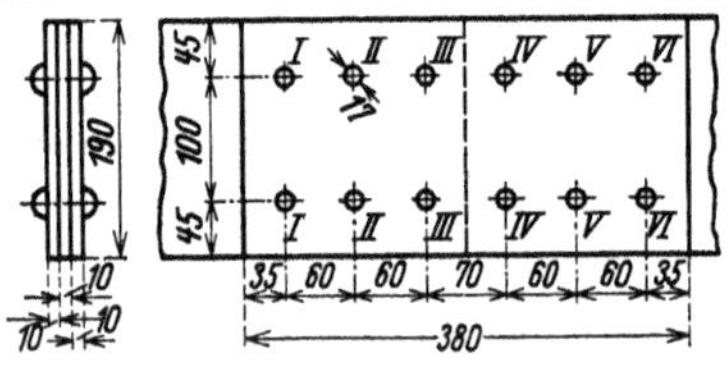	St 37	St 34	30,6	40,8	26	65	117	1: 1,48: 0,55	4,0	28,1 (0,92)	41,5	15,5
A 3 d (*K*)		St 37	St 34	25,4	37,7	31	67	117	1: 1,52: 0,57	5,6	26,4 (1,04)	40,1	15,1
A 3 b (*S*)		St 48	St 34	37,1	55,0	19	52	136 122 129	1: 1,52: 0,56	—	—	—	—
A 1 c (*D*)	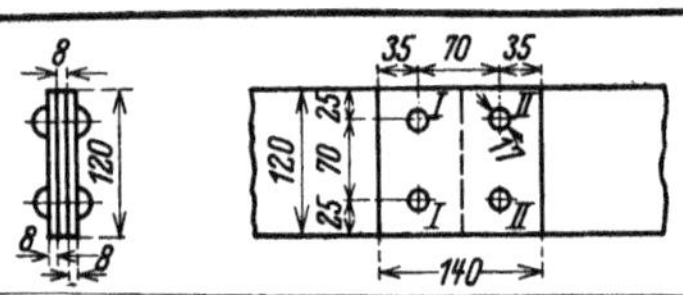	St Si	St Si	42,8	59,1	24	54	165	1: 2,47: 0,73	4,4	29,6 (0,69)	73,5	22,0
C 1 d (*K*)	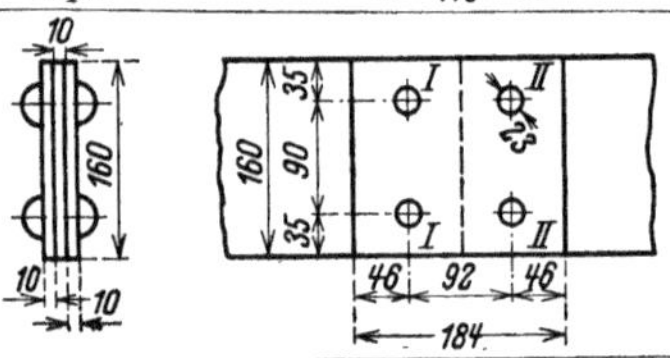	St Si	St Si	42,7	58,1	24	55	195	1: 2,42: 0,66	4,3	31,4 (0,74)	76,1	20,8
C 1 c (*A*)		St Si	St Si	41,5	59,5	24	54	195	1: 2,44: 0,66	5,5	31,8 (0,77)	77,6	20,8
A 3 c (*A*)		St Si	St Si	45,9	61,7	21	51	155	1: 1,49: 0,56	5,5	41,1 (0,90)	61,4	23,0
A 3 e (*K*)		St 52	Mn Cu	39,0	54,5	25	58	214	1: 1,52: 0,57	5,6 5,6 5,6	32,7 33,0 32,8 (0,84)	49,8 50,3 50,0	18,8 18,8 18,8
A 3 f (*K*)	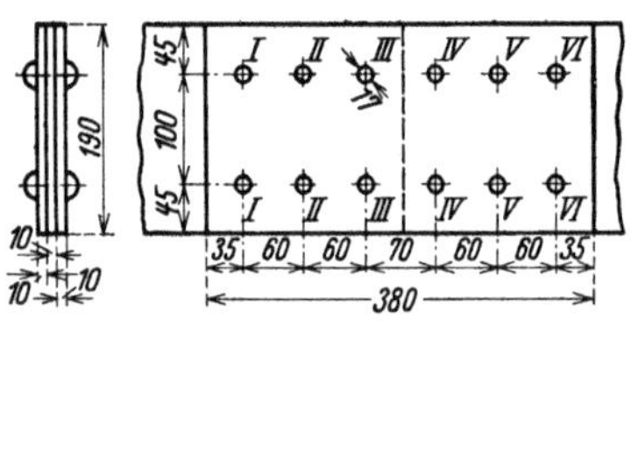	St 52	St 34	40,0	55,6	25	59	122	1: 1,47: 0,54	5,3 5,3 5,3	30,6 33,2 31,9 (0,80)	45,0 49,1 47,0	16,4 17,9 17,1
A 3 g (*K*)		St 52	St 52	40,3	62,6	18	56	229	1: 1,50: 0,53	2,6 1,9 2,2	40,4 40,4 40,4 (1,00)	60,8 60,8 60,8	21,5 21,5 21,5
A 3 h (*K*)		St 52	St 34	39,5	62,6	20	56	122	1: 1,51: 0,53	—	—	—	—
A 3 i (*S*)		St 52	St 52	42,3	56,8	24	56	164	1: 1,48: 0,55	3,3 3,3 3,3	38,5 38,5 38,5 (0,91)	57,2 57,2 57,2	21,5 21,5 21,5
A 3 k (*S*)		St 52	St 34	39,9	54,3	27	58	122	1: 1,48: 0,55	5,6	36,0 (0,90)	53,7	20,3

[1] Zugversuche nach DIN 1605, lange Proportionalstäbe (flache Stäbe) mit Walzhaut, $l_0 = 250$ mm.
[2] Belastung, bei der die bleibenden Verlängerungen der Meßstrecken A oder B größer als 0,01 mm wurden.
[3] Belastung, nach deren Überschreiten die bleibenden Verlängerungen der Meßstrecken A und B rasch zunahmen.

stellung 1.

15	16	17	18	19	20	21	22	23	24	25	26	27	28
suche (Zerreißversuche)				Zugversuche bei oftmals wiederholter Belastung; $\sigma_u = 0{,}2$ bis 0,4 kg/mm², $n = 1$ bis 3 Lastwechsel/min.									
Anstrengungen unter P_{max}			Bemerkungen über den Bruch	τ bei P 0,01 bl	Anstrengungen unter P_e [4]			Zahl der Lastwechsel unter P_e	Anstrengungen unter P_{max}			Zahl der Lastwechsel unter P_{max}	Bemerkungen über den Bruch
σ $\left(\frac{\sigma}{Kz}\right)$	σ_l	τ			σ	σ_l	τ		σ	σ_l	τ		
kg/mm²				kg/mm²					kg/mm²				
36,6 (0,91)	90,7	28,5	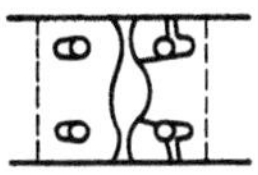	5,8	21,0	52,4	16,8	25 100	22,3	55,8	17,9	23 457	Bruch des Blechs im Querschnitt I—I
				5,8	21,3	52,9	16,8	25 100	22,7	56,4	17,9	7 422	
				5,8	21,1	52,6	16,8	25 100	22,5	56,1	17,9	15 439	
33,6 (0,82)	80,9	22,2	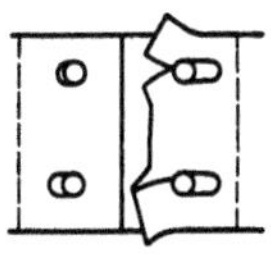	2,3	21,5	51,7	14,2	21 300	25,1	60,3	16,5	5 515	Bruch d. Blechs i. Querschn. I-I
				9,4	21,6	51,7	14,2	21 300	25,2	60,3	16,5	5 515	Nicht gebrochen, aber Risse an den Nietlochrändern
				5,8	21,5	51,7	14,2	21 300	25,1	60,3	16,5	5 515	
45,5 (1,12)	67,3	25,2	Bruch des Blechs im Querschnitt I—I	—	—	—	—	—	—	—	—	—	—
45,9 (1,22)	69,7	26,3	Bruch des Blechs im Querschnitt VI—VI	5,6	25,4	38,5	14,4	25 563	26,7	40,5	15,1	14 014	Bruch des Blechs im Querschnitt I—I
				5,6	23,2	35,2	13,3	9 621	25,1	38,1	14,4	19 091	
				5,6	24,3	36,8	13,8	17 592	25,9	39,3	14,7	16 552	
—	—	—	—	2,7	27,0	40,9	15,1	6 550	28,9	43,8	16,2	12 837	Bruch d. Blechs i. Querschn. VI-VI
				4,9	27,0	40,9	15,1	6 550	28,9	43,8	16,2	18 189	Bruch d. Blechs i. Querschn. I–I
				3,8	27,0	40,9	15,1	6 550	28,9	43,8	16,2	15 513	
51,6 (0,87)	127,9	38,3	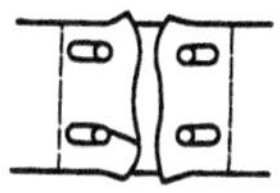	4,4	29,9	74,3	22,0	12 090	35,9	89,2	26,4	1 960	Nicht gebrochen, aber Risse an den Nietlochrändern
				6,6	30,3	74,3	22,0	12 090	36,3	89,2	26,4	1 960	Bruch des Blechs im Querschnitt II—II
				5,5	30,1	74,3	22,0	12 090	36,1	89,2	26,4	1 960	
51,8 (0,89)	125,4	34,4	Wie A 1 c	4,3	27,9	67,4	18,5	28 071	29,7	71,7	19,7	4 326	Bruch des Blechs im Querschnitt I—I
				4,3	24,3	58,8	16,1	8 100	27,8	67,4	18,5	16 571	
				4,3	26,1	63,1	17,3	18 085	28,7	69,5	19,1	10 448	
42,6 (0,72)	103,9	27,9		—	—	—	—	—	—	—	—	—	—
60,4 (0,98)	90,2	33,7	Bruch des Blechs im Querschnitt I—I	3,3	22,6	33,8	13,0	9 621	24,5	36,6	14,1	12 225	Bruch d. Blechs i. Querschn. I–I
				2,6	25,3	37,7	14,1	18 697	26,6	39,6	14,8	3 827	,, ,, ,, ,, ,, VI-VI
				2,9	23,9	35,7	13,5	14 159	25,5	38,1	14,4	8 026	
56,2	85,7	32,4	Bruch des Blechs im Querschnitt VI—VI	2,7	23,1	35,2	13,3	15 510	25,0	38,1	14,4	25 426	Bruch des Blechs im Querschnitt I—I
56,2	85,7	32,1		2,7	23,1	35,2	13,3	15 510	25,0	38,1	14,4	17 152	
56,2 (1,03)	85,7	32,2		2,7	23,1	35,2	13,3	15 510	25,0	38,1	14,4	21 289	
56,5	83,2	30,3	Bruch des Blechs im Querschnitt VI—VI	5,2	23,3	34,0	12,4	15 510	25,3	36,8	13,4	24 904	Nicht gebrochen, aber Risse an den Lochrändern des Blechs der Querschnitte I—I und VI—VI [5]
54,4	80,5	29,4	Abscheren der Niete	3,9	25,2	37,1	13,6	29 748	26,5	38,9	14,3	10 044	
55,4 (1,00)	81,8	29,8		4,5	24,2	35,5	13,0	22 629	25,9	37,8	13,8	17 474	
68,6	103,2	36,4	Bruch des Blechs im Querschnitt VI—VI	1,9	25,6	38,4	13,6	13 000	26,9	40,4	14,3	26 132	Bruch d. Blechs i. Querschn. I–I
68,1	102,6	36,2	Bruch des Blechs im Querschnitt I—I	1,9	25,6	38,4	13,6	13 000	26,9	40,4	14,3	18 870	,, ,, ,, ,, ,, VI-VI
68,3 (1,09)	102,9	36,3		1,9	25,6	38,4	13,6	13 000	26,9	40,4	14,3	22 501	
—	—	—	—	5,5	29,2	44,2	15,5	10 270	31,2	47,2	16,6	3 371	Nicht gebrochen
				4,0	30,8	46,7	16,6	15 541	32,2	48,7	17,3	3 387	Nicht gebrochen, aber Risse an den Lochrändern des Blechs des Querschnitts VI—VI [5]
				4,7	30,0	45,4	16,0	12 905					
60,1	89,4	33,5	Nicht gebrochen	3,3	25,5	37,9	14,2	9 350	26,8	39,8	14,9	13 898	Bruch d. Blechs i. Querschn. I–I
58,2	86,5	32,4	Bruch des Blechs im Querschnitt VI—VI	3,3	25,9	37,8	13,9	9 350	27,2	39,8	14,6	11 845	,, ,, ,, ,, ,, VI-VI
59,1 (1,04)	87,9	32,9		3,3	25,7	37,8	14,0	9 350	27,0	39,8	14,7	12 871	
54,7 (1,01)	81,5	30,8	Abscheren der Niete	5,5	28,8	42,5	15,9	7 250	30,8	45,4	17,0	12 978	Bruch des Blechs im Querschnitt VI-VI

[4] Unter dieser Last betrug am Ende die Zunahme der bleibenden Verlängerungen von A und B während 3000 Lastwechseln noch höchstens 0,005 mm.

[5] Bruch der Probekörper in der Einspannung.

[6] Nach DIN 1605 II, Einlieferungszustand, Mittelwerte.

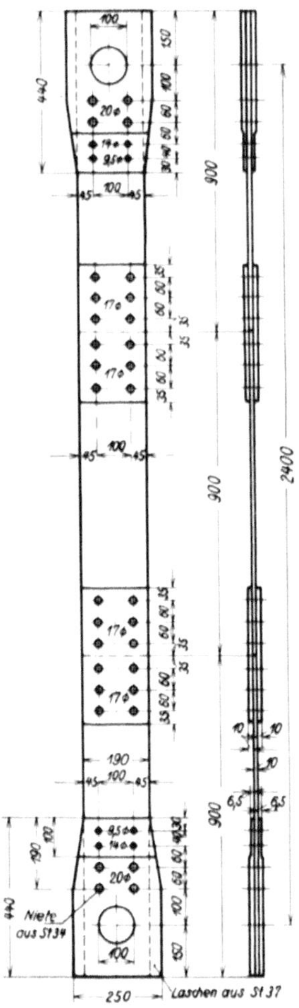

Abb. 1.

In Spalte 1 der Zusammenstellung 1 ist dementsprechend der Herstellungsort bezeichnet. Die übrigen Verbindungen sind in der Materialprüfungsanstalt der Technischen Hochschule fertiggemacht worden; sie tragen in Spalte 1 der Zusammenstellung 1 das Kennzeichen S.

Die Durchmesser der Bohrungen und der Niete hielten sich innerhalb der Toleranzen, welche in den zugehörigen Vorschriften festgelegt sind. Die Bleche wurden vor dem Vernieten mechanisch gereinigt; die Bleche zu den Verbindungen C 1a, A 3a, C 1c und A 3c waren in üblicher Weise mit Mennige gestrichen; die übrigen Verbindungen blieben ohne Anstrich. Das Vernieten geschah mit Preßlufthämmern.

4. Prüfung der Nietverbindungen.

Zur Eintragung der Kräfte erhielten die Versuchskörper an den Enden Bohrungen und Verstärkungen in der durch Abb. 1 gekennzeichneten Art. Bei allen in Zusammenstellung 1 genannten Versuchsreihen sind ein oder zwei Versuche als gewöhnliche Zugversuche, im folgenden „Zerreißversuche" genannt, ausgeführt worden. Weiter wurden in der Regel zwei Verbindungen gemeinsam in der aus Abb. 1 ersichtlichen Anordnung oftmals wieder-

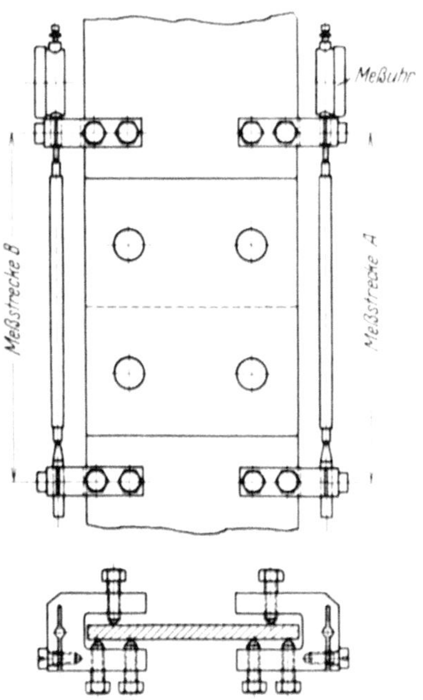

Abb. 2. Einrichtung zum Messen der Längenänderungen der Strecken A und B.

Abb. 3. Einrichtung zum Messen der Längenänderungen der Strecken A und B (Abb. 2) sowie der Verschiebungen in den Querschnitten I bis VI (vgl. Zusammenstellung 1, Spalte 2), ferner der Änderungen der Spaltweite an der Stoßstelle des Hauptblechs.

kehrenden Lasten ausgesetzt, derart, daß die Belastung zwischen einem kleinen Anfangswert $P_u = 300$ kg und einer oberen Belastung P_o wechselte, im folgenden „Dauerversuche" genannt. In jeder Minute erfolgten ein bis drei Lastwechsel.

Die Belastung wurde bei allen Versuchen stufenweise aufgebracht. Bei den Zerreißversuchen folgte jeder Stufe eine Entlastung auf $P = 300$ kg, um die federnden und bleibenden Formänderungen messen zu können. Bei den Dauerversuchen sind Belastung und Entlastung auf jeder Stufe solange wiederholt worden, bis durch 3000 Lastwechsel eine deutliche Zunahme der Formänderungen nicht mehr eintrat. Der Ausgleichszustand wurde im allgemeinen als erreicht betrachtet, wenn durch rd. 3000 Lastwechsel die Zunahme der bleibenden Längenänderungen in den Meßstrecken A und B, Abb. 2, nicht mehr als 0,005 mm betrug.

Gemessen wurden sowohl bei den Zerreißversuchen als auch bei den Dauerversuchen die gesamten, bleibenden und federnden Änderungen der Meßstrecken A und B in Abb. 2 mit den Meßuhren in Abb. 3, ferner bei einem Teil der Verbindungen auch Verschiebungen in den aus den Zeichnungen der Zusammenstellung 1 erkenntlichen Querschnitten I—VI sowie die Erweiterung des Spaltes an der Stoßstelle mit Meßmikroskopen nach Abb. 3.

Die Versuchseinrichtung ist schon früher beschrieben worden[1].

5. Versuchsergebnisse.

a) Zerreißversuche mit den Nietverbindungen der Zusammenstellung 1.

α) *Aus den Ergebnissen der Messungen.*

Aus den Feststellungen über die Längenänderungen der Meßstrecken A und B, Abb. 2, werden die Ergebnisse der Nietverbindung A 3e, hergestellt aus St 52 mit harten Nieten, als

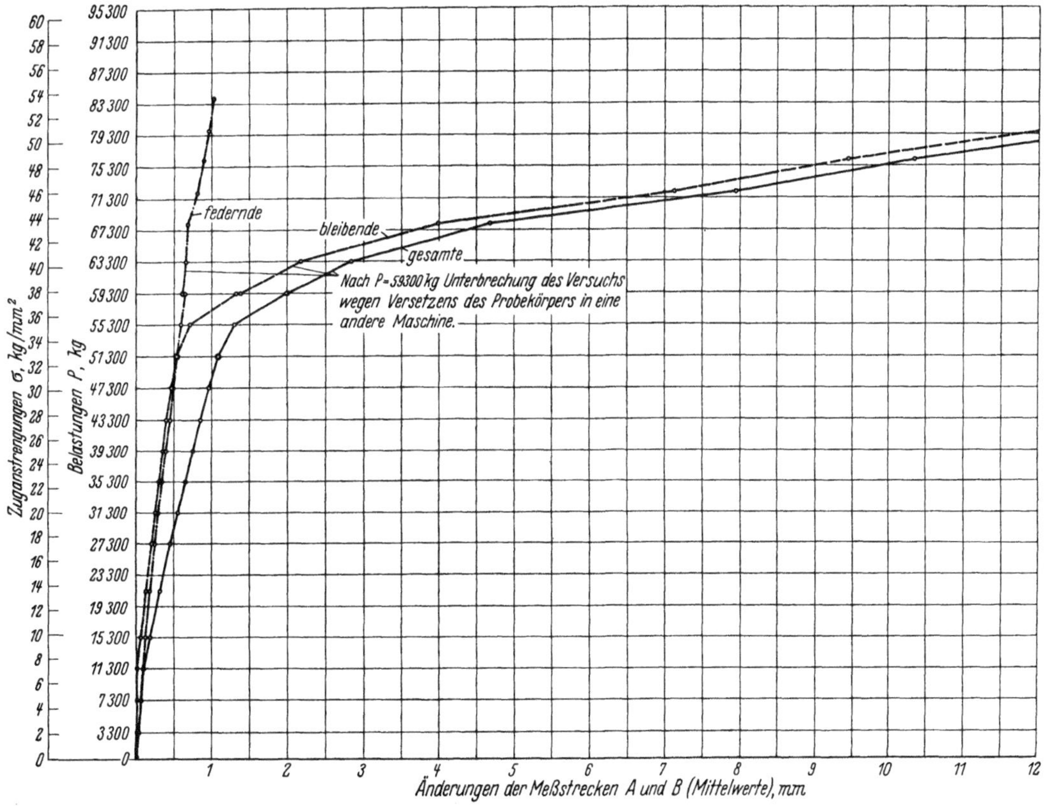

Abb. 4. Formänderungen der Nietverbindung A 3e beim Zerreißversuch.

Beispiel wiedergegeben; sie finden sich in Abb. 4 zeichnerisch dargestellt. Zu den Belastungen P und zu den Anstrengungen σ sind die gesamten, bleibenden und federnden Änderungen der

[1] Vgl. Graf: Dauerfestigkeit der Werkstoffe und der Konstruktionselemente, S. 81—83. Berlin: Julius Springer 1929.

Meßstrecken A und B aufgetragen. Bis $P = 11300$ kg blieben die bleibenden Formänderungen unter 0,01 mm; dann traten deutliche, allmählich wachsende, bleibende Formänderungen auf. Nach $P = 51300$ kg sind die bleibenden Änderungen rasch gewachsen. Die federnden Änderungen nahmen fortlaufend stetig zu, auch über $P = 51300$ kg hinaus.

Aus den Linienzügen in Abb. 4 ergibt sich folgendes: Eine deutlich meßbare bleibende Änderung und damit das Kennzeichen für deutliches Gleiten der Nietverbindung machte sich nach $P = 11300$ kg bemerkbar. Eine große Zunahme der bleibenden Änderungen ist nach $P = 51300$ kg aufgetreten; diese Erscheinung kann mit dem Überschreiten der Fließgrenze an den maßgebenden Querschnitten (z. B. I und VI bei den dreireihigen Verbindungen) oder mit starkem Verbiegen der Niete oder mit den Verquetschungen der Lochwandungen wegen zu hohen Lochwanddrucks in Verbindung stehen.

Die Belastungen, bei denen die bleibenden Verlängerungen der Meßstrecken A oder B größer als 0,01 mm wurden, sind in Zusammenstellung 1, Spalte 11, eingetragen, dort $P_{0,01\,bl}$ genannt. Sie liegen hier zwischen $\tau = 1{,}9$ und $\tau = 10{,}2$ kg/mm², bleiben also in allen Fällen unter den zulässigen Anstrengungen von $\tau = 11{,}2$ bzw. $\tau = 16{,}8$ kg/mm².

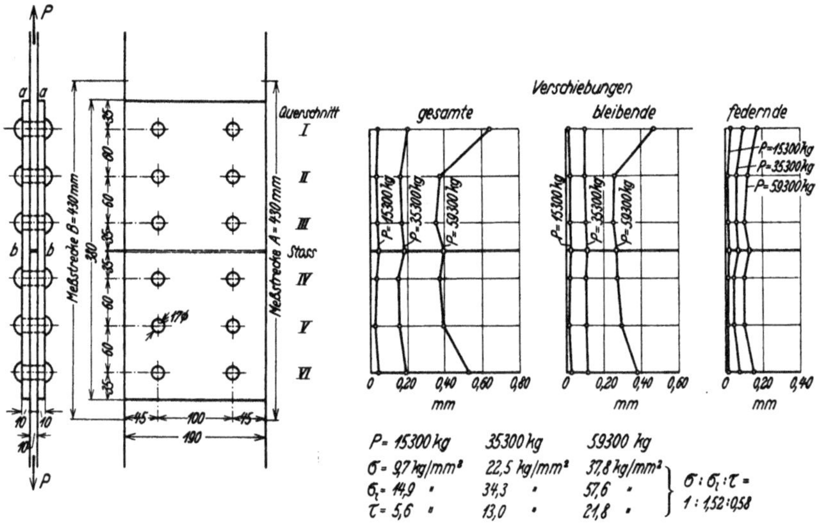

Abb. 5. Abb. 6. Abb. 7. Abb. 8.

Abb. 5 bis 8. Ergebnisse von Messungen an einer Nietverbindung der Reihe A 3e. Bleche aus St. 52, Niete aus MnCu-Stahl. Vgl. Zusammenstellung 1.

Die Belastungen, nach deren Überschreiten die bleibenden Verlängerungen der Meßstrecken A und B rasch zunahmen, finden sich in den Spalten 12—14 der Zusammenstellung 1; sie werden hier und im folgenden mit P_b bezeichnet. Zu P_b fand sich

bei Verwendung von St 37 . . . . $\sigma = 21{,}5—28{,}1$ kg/mm²,
bei St Si. . . . . $\sigma = 29{,}6—41{,}1$ kg/mm²,
bei St 52 mit harten Nieten . . . . $\sigma = 32{,}7—40{,}4$ kg/mm²

und

bei St 52 mit Nieten aus St 34 . . $\sigma = 30{,}6—36{,}0$ kg/mm².

Der Lochleibungsdruck σ_l reicht unter P_b bei Verbindungen aus St 37 bis 60,5 kg/mm², bei Verbindungen aus Stählen höherer Festigkeit bis 77,6 kg/mm². Die Werte τ betragen bei den Verbindungen aus St 37 bis 19 kg/mm², bei den Verbindungen aus Stählen höherer Festigkeit bis 23 kg/mm². An diesen Zahlen ist u. a. bemerkenswert, daß σ unter P_b mit Ausnahme der Reihen A 3d und A 3g unter der Fließgrenze des Materials blieb, vgl. dazu die Spalten 12 und 5 der Zusammenstellung 1. Bei den Reihen A 3d und A 3g ist σ unter P_b ungefähr gleich der Fließgrenze ausgefallen.

Soweit σ unter P_b bedeutend unter der Fließgrenze blieb (Reihen C 1a, A 1c, C 1d, C 1c, A 3f), handelt es sich meist um Nietverbindungen, die nicht im schwächsten Querschnitt durch Überwindung der Zugfestigkeit im gewöhnlichen Sinne zerstört worden sind, sondern durch Ausreißen des Blechs vor den Nieten (vgl. Spalte 18 der Zusammenstellung 1, Reihen A 1a, C 1a, A 1c, C 1d und C 1c) oder um Verbindungen, die weiche Niete in harten Blechen besaßen (Reihe A 3f).

In den Verbindungen A 1a, C 1a, A 1c, C 1d und C 1c war der Lochleibungsdruck das 2,40- bis 2,48fache von σ; σ_l betrug bei A 1a und C 1a mit St 37 60,5 und 51,7 kg/mm², bei A 1c, C 1d und C 1c mit St Si 73,5 bis 77,6 kg/mm².

Im Falle der Reihe A 3f war offenbar die Verformung der Niete aus St 34 für große bleibende Längenänderungen in den Strecken A und B zuerst maßgebend.

Weitere Aufschlüsse geben die Messungen der Verschiebungen an den Querschnitten I—VI, sowie am Stoßspalt der Bleche, vgl. Abb. 2, 3 und 5. Bei *aa*, Abb. 5, hat das Mittelblech die äußere Kraft P allein zu tragen, während die Laschen von hier aus erst allmählich durch den Gleitwiderstand und später durch den Widerstand der Niete zum Mittragen kommen. Bei *bb*, Abb. 5, tragen die Laschen die äußere Kraft P allein. Die Abb. 6—8 zeigen Ergebnisse von einer Nietverbindung der Reihe A 3e. Sehr anschaulich ist zu erkennen, daß die Verschiebungen zwischen den Querschnitten II und III, bzw. IV und V am kleinsten sind und daß sie gegen die Querschnitte I und VI hin, sowie gegen den Stoßspalt anwachsen, entsprechend den Formänderungen, welche mit der Übertragung der Kräfte aus den Blechen in die Laschen verbunden sind. Die Abb. 6—8 zeigen weiter, daß die Verschiebungen schon unter niedrigen Lasten zu einem erheblichen Teil bleibend sind, wie dies schon bereits aus Abb. 4 hervorging. Hier ist wohl der Umstand beteiligt, daß der Gleitwiderstand das Zurückfedern hemmt, auch, daß in den Nietverbindungen bei der Herstellung Vorspannungen entstehen, die beim Belasten und Entlasten mehr oder minder ausgelöst werden.

Lehrreich war sodann der Vergleich der Verschiebungen in den Querschnitten I—VI bei Verbindungen, die sich lediglich durch das Nietmaterial unterschieden. Abb. 9 zeigt solche Feststellungen. Man sieht hieraus, daß die Verschiebungen bei Verwendung der Niete aus St 34 bis $P = 31300$ kg kleiner geblieben sind als bei der Verbindung mit Nieten höherer Festigkeit. Erst später erwies sich die Verbindung mit den weichen Nieten nachgiebiger.

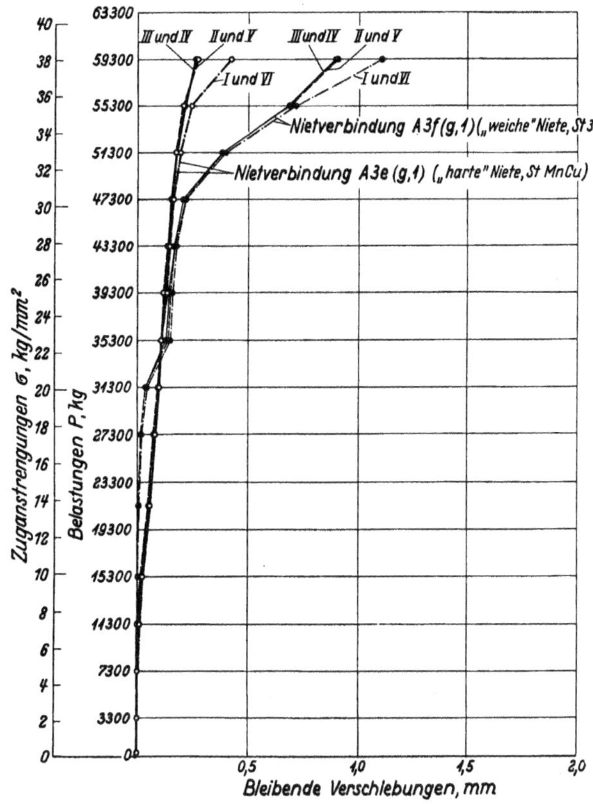

Abb. 9. Bleibende Verschiebungen in Nietverbindungen der Reihen A 3e und A 3f, die sich nur durch die Eigenschaften der Niete unterscheiden. Vgl. auch Zusammenstellung 1.

β) Höchstlasten P_{max}.

Die Anstrengungen σ, σ_l und τ unter der Höchstlast P_{max} der Nietverbindungen, d. i. unter der Last, bei der eine weitere Steigerung der Belastung nicht mehr möglich war, weil Zerstörung folgte, sind in den Spalten 15—17 der Zusammenstellung 1 eingetragen. Hier seien zunächst die Werte σ der Spalte 15 mit der Zugfestigkeit K_z des verwendeten Eisens, die in Spalte 6 eingetragen ist, verglichen. Man findet bei diesem Vergleich, daß bei den Reihen A 1a, C 1a, A 1c, C 1d, sowie C 1c die Anstrengung σ in den Nietverbindungen erheblich kleiner blieb als die Zugfestigkeit der Bleche. Bei diesen Nietverbindungen war die Zugfestigkeit des Blechs in der Tat nicht maßgebend, weil die Zerstörung durch Aufreißen der Nietlöcher gegen die Stirnkanten der Bleche stattfand, wie in der Spalte 18, Zusammenstellung 1, schematisch angegeben ist. Man muß hier den Lochleibungsdruck σ_l zur Beurteilung heranziehen oder wohl besser die Widerstandsfähigkeit des Materials vor den Nietlöchern, die größer ausgefallen wäre, wenn der Abstand der Löcher von der Stirnkante der Bleche das vorgeschriebene Mindestmaß überschritten hätte. Es handelt sich hier durchweg um einreihige Nietverbindungen, bei denen das Verhältnis $\sigma:\sigma_l =$ rd. 1:2,5 betrug; die Reihen A 1a und C 1a waren dabei aus St 37, die übrigen aus St Si hergestellt. Weiteres siehe unter γ.

Bei allen übrigen Verbindungen, also bei den Nietverbindungen A 3a, A 3d, A 3c, A 3e, A 3f, A 3g, A 3i und A 3k war die Anstrengung σ in den Nietverbindungen größer oder unerheblich kleiner als die Zugfestigkeit des Materials. Man kann also sagen, daß in diesen Nietverbindungen die Zugfestigkeit der Bleche voll ausgenutzt wurde. Es handelt sich dabei durchweg um dreireihige Nietverbindungen, bei denen das Verhältnis $\sigma:\sigma_l$ rd. 1:1,5 war.

γ) Bruchbilder.

Die Art der Zerstörung der Nietverbindungen ist in Spalte 18 der Zusammenstellung 1 angegeben. Hiernach handelt es sich um dreierlei Bruchbilder, nämlich

a) Verbindungen, die gemäß Abb. 10 durch Zerreißen der Bleche infolge Überschreiten der Zugfestigkeit im schwächsten Querschnitt zerstört wurden ($\sigma:\sigma_l:\tau$ = rd. 1:1,5:0,55).

b) Verbindungen, die gemäß Abb. 11 und 12 im Blech zwischen den Nieten und dem Blechrand zerstört worden sind ($\sigma:\sigma_l:\tau$ = rd. 1:2,5:0,7).

c) Verbindungen, in denen Abscheren der Niete stattfand (Reihen A 3f und A 3k mit Blechen aus St 52 und Nieten aus St 34. $\sigma:\sigma_l:\tau$ = rd. 1:1,5:0,55).

Im übrigen sei zunächst auf das am Schluß von β) Gesagte verwiesen, sowie auf die Darlegungen unter c, S. 15 u. f., ferner unter XII.

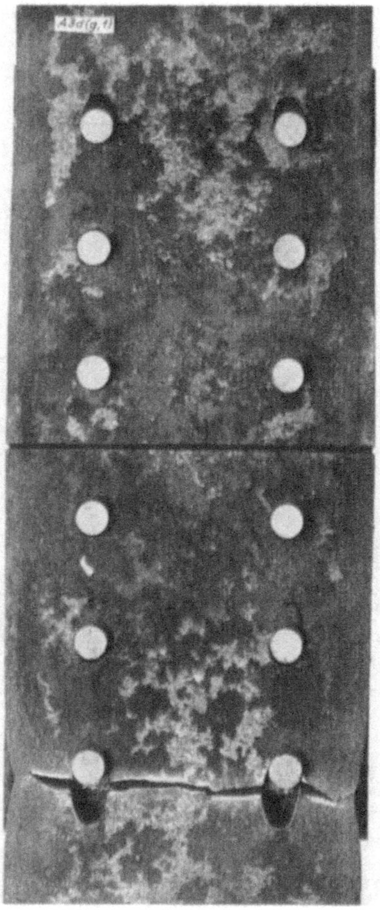

Abb. 10. Nietverbindung der Reihe A 3d (Bleche aus St. 37, Niete aus St. 34) nach dem Zerreißversuch. Eine Lasche ist abgenommen.

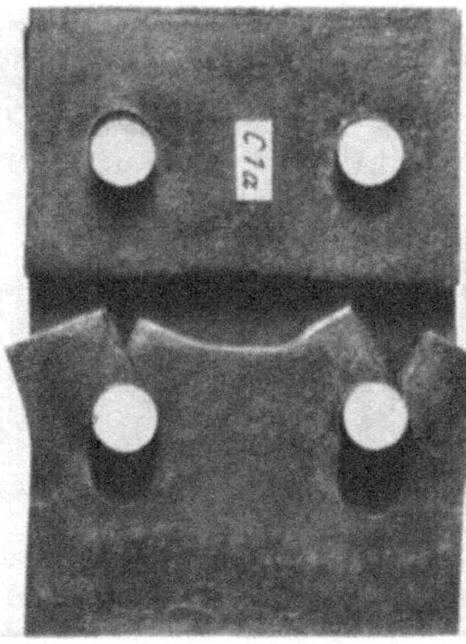

Abb. 11. Nietverbindung der Reihe C1a (Bleche aus St 37, Niete aus St 34) nach dem Zerreißversuch. Eine Lasche abgenommen.

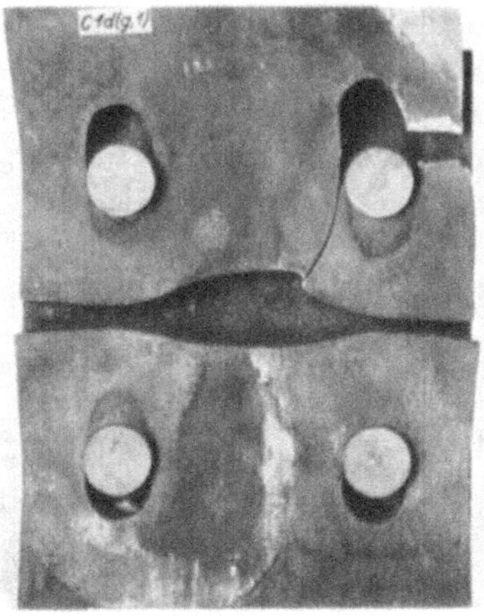

Abb. 12. Nietverbindung der Reihe C1d (Bleche aus St Si, Niete aus St Si) nach dem Zerreißversuch. Eine Lasche ist abgenommen.

b) Dauerzugversuche mit den Nietverbindungen der Zusammenstellung 1.

α) Aus den Ergebnissen der Messungen.

In den Abb. 13 und 14 sind die bleibenden Längenänderungen der Meßstrecken *A* und *B* für die Nietverbindungen der Reihe A 3d wiedergegeben und zwar derart, daß für jede Belastungsstufe die Entwicklung der Längenänderungen gesondert aufgetragen ist. Man sieht aus Abb. 13, daß die Formänderungen bis zur Belastung $P = 39300$ kg langsam fortgeschritten sind und auf jeder Stufe nur wenig zugenommen haben, letzteres derart, daß nach 3000 Lastwechseln die S. 7 unter Ziffer 4 angegebene geringe Zunahme von 0,005 mm nicht überschritten wurde. Dagegen hat unter $P = 41300$ kg schon nach rd. 900 Lastwechseln eine ausgeprägte Änderung begonnen; nach 14014 Lastwechseln erfolgte der Bruch. Die Formänderungslinie zu $P_{max} = 41300$ kg läßt vermuten, daß unter dieser Last eine allmähliche Zerstörung stattfand, wie sie später auch erkannt wurde, was unter b, γ beschrieben ist.

Ähnlich war die Entwicklung der Längenänderungen in den Strecken *A* und *B* für die zweite Verbindung der Reihe A 3d, wie Abb. 14 erkennen läßt.

Die Abb. 13 und 14 gelten für Nietverbindungen aus St 37, mit Nieten aus St 34. Zum Vergleich sind in den Abb. 15 und 16 die Längenänderungen der Strecken A und B für Nietverbindungen der Reihe A 3e wiedergegeben, bei welchen die Bleche und die Niete aus St 52 gefertigt waren. Man sieht aus den Abb. 15 und 16, daß die Formänderungen vor dem Bruch wesentlich kleiner blieben als in Abb. 13 und 14 und daß sie sich überdies rascher entwickelten.

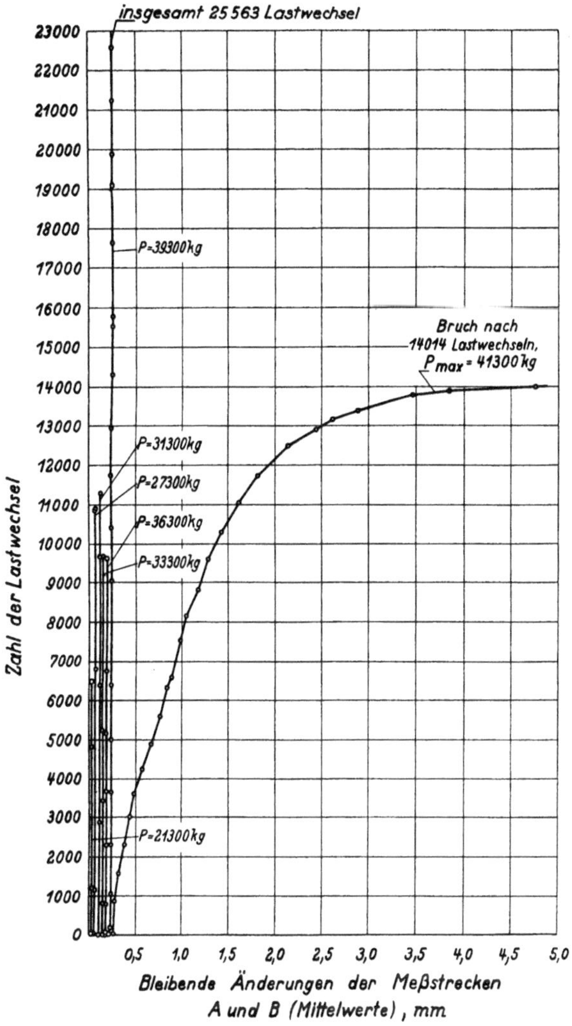

Abb. 13.

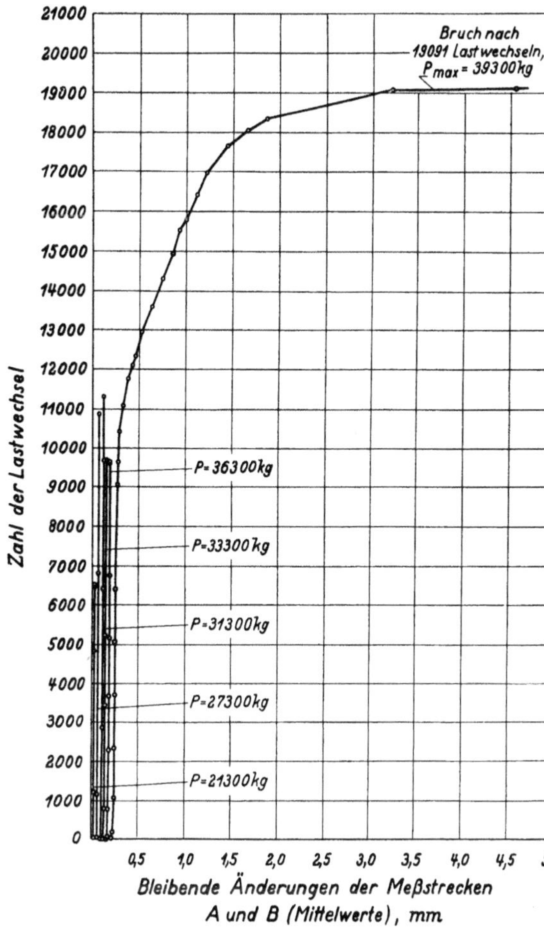

Abb. 14.

Abb. 13 u. 14. Bleibende Änderungen der Strecken A und B, Abb. 2, bei Nietverbindungen der Reihe A3d, unter oftmaliger Wiederholung der Zugbelastungen.

Die Formänderungsarbeit unter der Höchstlast erscheint im Falle der Abb. 15 und 16 kleiner als bei den Abb. 13 und 14[1].

Wichtig ist sodann ein Vergleich der Größe der Längenänderungen der Strecken A und B für gleichartige Nietverbindungen beim Dauerversuch und beim Zerreißversuch. Die Abb. 17 bis 19 enthalten die zugehörigen Ergebnisse der Reihe A 3e (Bleche aus St 52, Niete aus MnCu-Stahl). Diese Abbildungen zeigen anschaulich, daß die gesamten und bleibenden Längenänderungen unter oftmals wiederkehrenden Lasten größer geworden sind; namentlich die bleibenden Formänderungen sind beim Dauerversuch wesentlich größer ausgefallen als beim Zerreißversuch. Bei den federnden Formänderungen blieb der Unterschied klein, wie aus Abb. 19 ohne weiteres hervorgeht.

Lehrreich sind ferner die Feststellungen in den Abb. 20 und 21, wiederum gültig für Nietverbindungen der Reihen A 3e und A 3f (Bleche aus St 52, Niete aus MnCu-Stahl bei Abb. 20

[1] Vgl. auch Schaechterle: Stahlbau 1930, S. 289 ff.

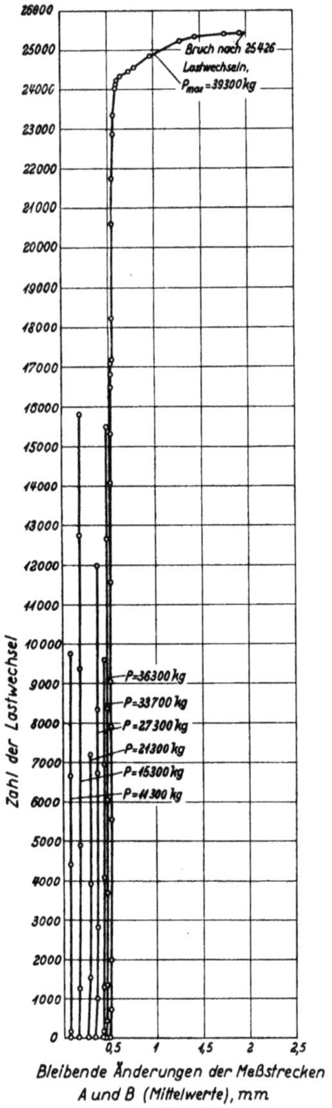

Abb. 15.

bzw. Niete aus St 34 bei Abb. 21). Im Falle der Abb. 20 blieben die Klemmkräfte der Niete kleiner als bei den Verbindungen zu Abb. 21. Man sieht hier, daß die bleibenden Längenänderungen der Strecken A und B, Abb. 2, in den Verbindungen mit den größeren Klemmkräften langsamer entstanden; mit dem besseren Reibungsschluß blieben die Verlängerungen der Nietverbindung bis über die zulässigen Lasten kleiner. Daß mit Nieten höherer Festigkeit größere bleibende und federnde Verschiebungen entstehen können, ist auch den Abb. 22 und 23 zu entnehmen, die für dreireihige Verbindungen der Reihen A 3c bis A 3k gelten. Weiteres hierzu siehe S. 22 u. f.

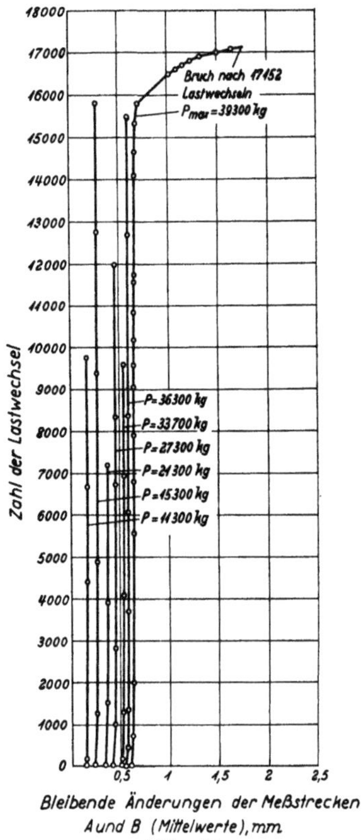

Abb. 16.

Abb. 15 u. 16. Bleibende Änderungen der Strecken A und B, Abb. 2, bei Nietverbindungen der Reihe A 3e unter oftmaliger Wiederholung der Zugbelastungen.

Die Belastungen, welche letztmals während 3000 Lastwechseln höchstens 0,005 mm Verlängerung der Strecken A und B hervorriefen, sind in den Spalten 20—22 der Zusammenstellung 1 eingetragen. Sie betragen

bei Verwendung von St 37 . . . $\sigma = 21{,}0$—$25{,}4\ kg/mm^2$,
bei Verwendung von St Si . . . $\sigma = 22{,}6$—$30{,}3\ kg/mm^2$,
bei Verwendung von St 52 mit harten Nieten . $\sigma = 23{,}1$—$25{,}9\ kg/mm^2$,
ferner
bei Verwendung von St 52 mit Nieten aus St 34 $\sigma = 23{,}3$—$30{,}8\ kg/mm^2$.

Im übrigen sei auf die Spalten 21 und 22 der Zusammenstellung 1 verwiesen.

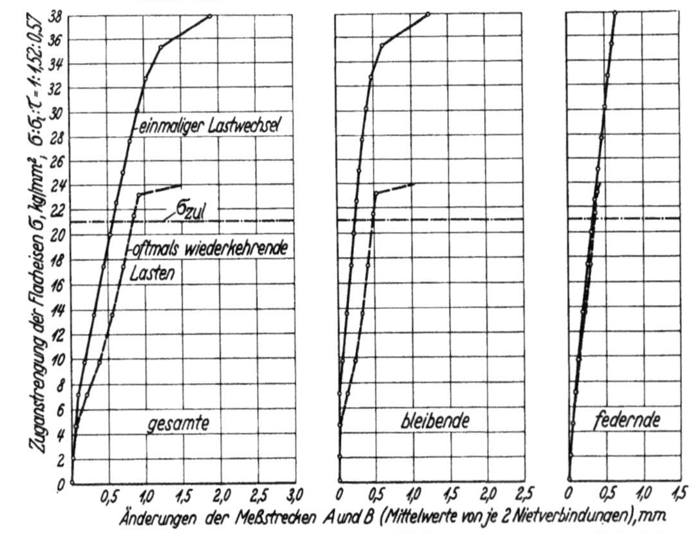

Abb. 17. Abb. 18. Abb. 19.

Abb. 17 bis 19. Gesamte, bleibende und federnde Änderungen der Strecken A und B, Abb. 2, an Nietverbindungen der Reihe A 3e. Bleche aus St 52, Niete aus MnCu-Stahl. Vgl. Zusammenstellung 1.

β) Höchstlasten P_{max}.

Die Anstrengungen σ, σ_l und τ unter der Höchstlast P_{max} der Nietverbindungen, das ist unter der Last, bei der allmählich eine Zerstörung der Nietverbindungen einsetzte und schließlich der Bruch stattfand, sind in den Spalten 24—26 eingetragen. In Spalte 27 ist zu diesen Lasten die Zahl der Lastwechsel angegeben, welche auf der letzten Laststufe ausgeübt wurden, bis eine Zerstörung stattfand. Die Zuganstrengung σ fand sich unter der Höchstlast

bei den einreihigen Nietverbindungen der Reihe A 1 a
Blech aus St 37, Niete aus St 34 . . . . zu 22,5 kg/mm² (1),
bei den gleichen Verbindungen der Reihe A 1 c, jedoch
Blech und Niete aus St Si . . . . „ 36,1 „ (1,60);

ferner

bei den einreihigen Verbindungen der Reihe C 1 a, Blech
aus St 37, Niete aus St 34 . . . . „ 25,1 „ (1),
bei den gleichen Verbindungen der Reihe C 1 d mit
Blech und Niete aus St Si . . . . „ 28,7 „ (1,14);

sodann

bei den dreireihigen Nietverbindungen der Reihe A 3 d,
Blech aus St 37, Niete aus St 34 . . . . „ 25,9 „ (1),
bei den gleichen Verbindungen der Reihe A 3 b, Blech
aus St 48, Niete aus St 34, ... „ 28,9 „ (1,12),
bei den gleichen Verbindungen der Reihe A 3 c, Blech
und Niete aus St Si . . . . „ 25,5 „ (0,98),
bei den gleichen dreireihigen Verbindungen der Reihen
A 3 e, A 3 g und A 3 i mit Blech und Niete aus St 52 „ 25,0 „
bis 27,2 „ (0,97—1,05),
bei den gleichen Verbindungen der Reihen A 3 f, A 3 h
und A 3 k, Blech aus St 52 und Niete aus St 34 . . „ 25,3 „
bis 32,2 „ (0,98—1,24).

Neben den Angaben über die Zuganstrengung σ finden sich in Klammern Verhältniszahlen; diese Verhältniszahlen sind jeweils gruppenweise angesetzt; die Widerstandsfähigkeit der Nietverbindungen mit Blechen aus St 37 und Nieten aus St 34 wurde dabei gleich 1 gesetzt. Die Verhältniszahlen lassen folgendes erkennen:

Die einreihigen Verbindungen der Reihe A 1 c aus St Si haben das 1,60fache des Wertes der Verbindung A 1a getragen. Hier ist also die Widerstandsfähigkeit der Nietverbindung durch Verwendung des St Si bedeutend gesteigert worden. Zur Beurteilung dieses Ergebnisses sei auf das im folgenden Abschnitt über die Bruchererscheinungen Gesagte verwiesen, wonach in beiden Fällen die Zerstörung nicht allein normal zur Zugrichtung erfolgte, sondern auch durch Ausreißen des Blechs zwischen Niete und Stirnfläche des Blechs.

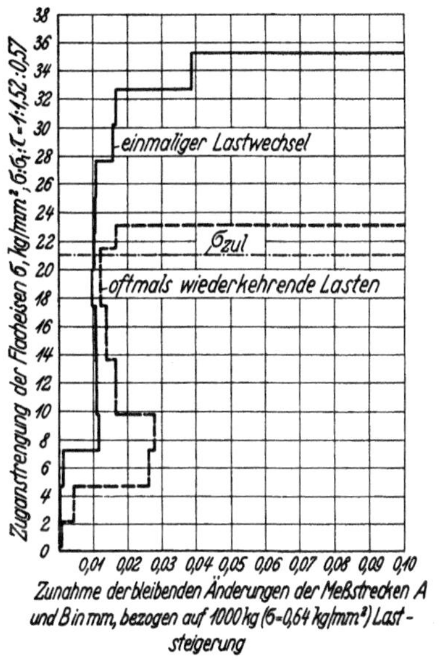

Abb. 20. Ergebnisse von Messungen an Nietverbindungen der Reihe A 3 e. Bleche aus St 52, Niete aus MnCu-Stahl.

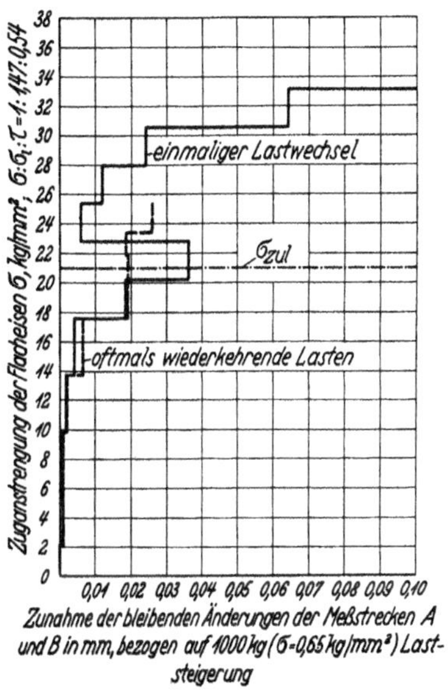

Abb. 21. Ergebnisse von Messungen an Nietverbindungen der Reihe A 3 f. Bleche aus St 52, Niete aus St 34.

Bei den einreihigen Verbindungen der Reihen C 1a und C 1d, wobei die erstere aus St 37, die letztere aus St Si gebaut war, ist die Höchstlast mit St Si um 14% größer ausgefallen als mit St 37. Das Mehr der Höchstlast mit St Si blieb wesentlich kleiner als der Unterschied der Zugfestigkeit der beiden Werkstoffe (58,1 gegen 41,0 kg/mm², vgl. Zusammenstellung 1, Spalte 6).

Bei den dreireihigen Verbindungen der Reihen A 3b bis A 3k wurde mit Stählen höherer Festigkeit ein Mehr bis 24% erreicht; doch sind auch zwei Versuchsreihen vorhanden (A 3c mit St Si und A 3e mit St 52), bei denen die Höchstlast nicht größer als bei St 37, sondern um 2 bzw. 3% kleiner ausfiel.

Aus den vorstehenden Zahlenreihen konnte man entnehmen, daß es zwar Stähle höherer Festigkeit gibt, die auch in den Nietverbindungen höhere Festigkeit liefern, wenn oftmals wiederkehrende Belastung stattfindet; doch ist das Mehr meist bescheiden ausgefallen. Im Durchschnitt fand sich bei den dreireihigen Verbindungen aus Stählen höherer Festigkeit nur um 7% mehr als mit St 37.

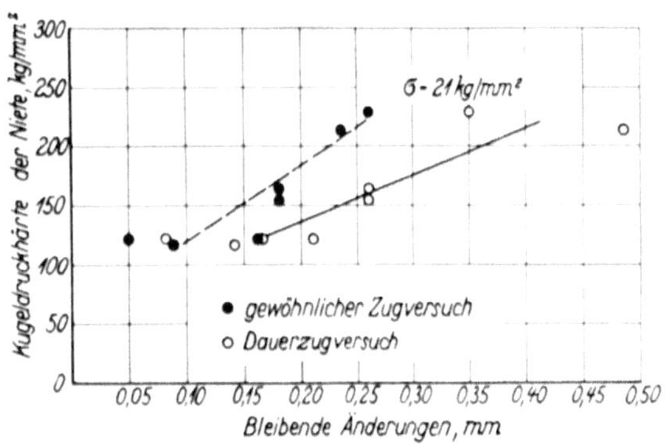

Abb. 22. Bleibende Änderungen der Meßstrecken A und B, Abb. 2, bei Verwendung von verschiedenem Nietmaterial (Versuchsreihen A 3c bis A 3k).

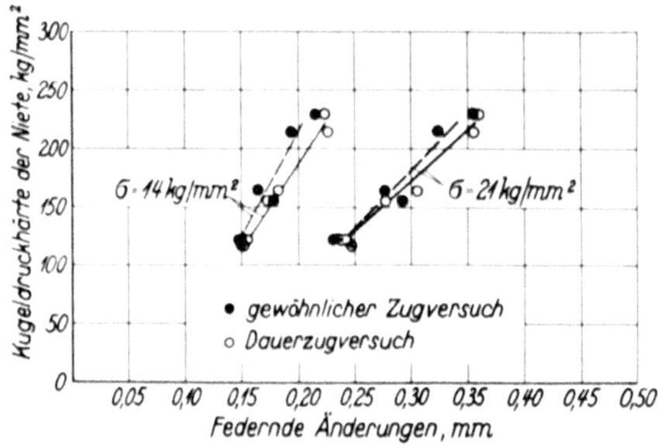

Abb. 23. Federnde Änderungen der Meßstrecken A und B, Abb. 2, bei Verwendung von verschiedenem Nietmaterial (Versuchsreihen A 3c bis A 3k).

Zur allgemeinen Beurteilung muß hier nach dem Stand der Sache im Jahre 1930 hervorgehoben werden, daß die Untersuchungen mit St 37 in geringerer Zahl ausgeführt worden sind als mit den Stählen höherer Festigkeit; wenn der verwendete St 37 mit seinen Eigenschaften über dem Durchschnitt liegt, so sind die oben genannten Verhältniszahlen im allgemeinen zu klein. Außerdem ist zu bemerken, daß sinngemäß der Vergleich der Leistungsfähigkeit der Stähle nur gelten kann, wenn es sich um Zugbelastungen handelt, die in ihrer ganzen Größe oftmals wiederkehren.

Um zu erfahren, ob das hier festgestellte besonders wichtige Ergebnis, daß Stähle höherer Festigkeit, geliefert 1928 bis 1930, nur wenig mehr tragen als St 37, wenn die Zuglasten oft wiederkehren,

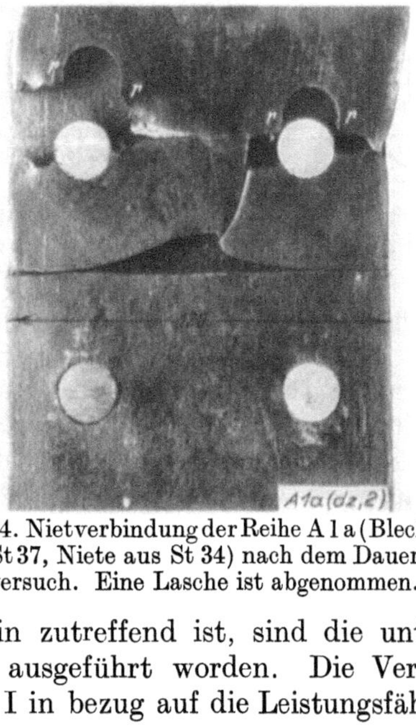

Abb. 24. Nietverbindung der Reihe A 1 a (Bleche aus St 37, Niete aus St 34) nach dem Dauerzugversuch. Eine Lasche ist abgenommen.

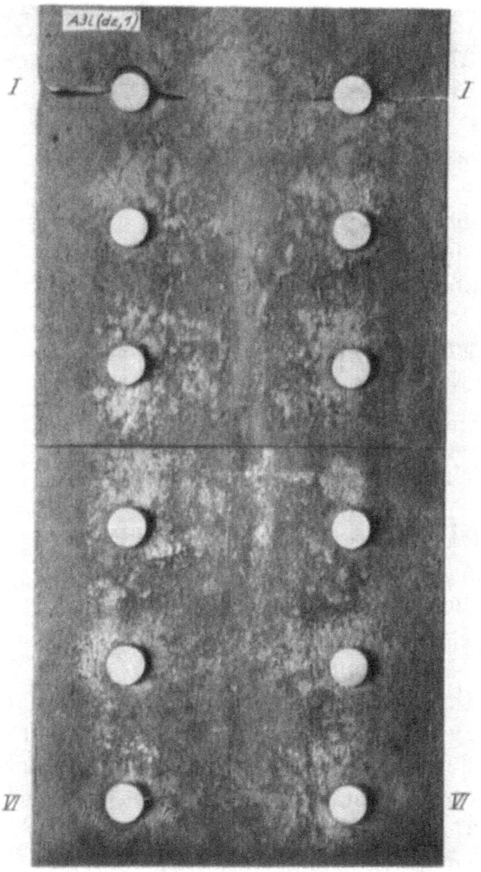

Abb. 25. Nietverbindung der Reihe A 3 i (Bleche aus St 52, Niete aus St 52) nach dem Dauerzugversuch. Eine Lasche ist abgenommen.

allgemein zutreffend ist, sind die unter II besprochenen Untersuchungen mit gebohrten Stäben ausgeführt worden. Die Versuche der Gruppe II haben die Feststellungen der Gruppe I in bezug auf die Leistungsfähigkeit von Stählen verschiedener Festigkeit bestätigt.

γ) Bruchbilder.

Über die Art der Zerstörung finden sich Angaben in Spalte 28 der Zusammenstellung 1. Weitere Aufschlüsse geben die Abb. 24—26. Abb. 24 gilt für eine einreihige Nietverbindung der Reihe A 1a. Man sieht hier in der oberen Hälfte des Bildes, ausgehend von den Wandungen der Nietlöcher, quer zu der Zugrichtung verlaufende Risse *rrrr*, an denen auf eine Erstreckung von 5—10 mm keine Querschnittsverminderung erkennbar ist. Im weiteren Teil des Bruchquerschnitts sind erhebliche Querschnittsverminderungen und Dehnungen aufgetreten. An den Stirnflächen des Blechs entstanden erhebliche Verformungen. Das Bruchbild der Reihe A 1c ist ähnlich ausgefallen. In beiden Fällen ist nach dem Bruchbild anzunehmen, daß neben den Normalspannungen σ die Widerstandsfähigkeit des Werkstoffs zwischen den Nieten und dem Blechrand erheblichen Einfluß genommen hat.

Abb. 25 zeigt eine dreireihige Nietverbindung der Reihe A 3i, welche für das Verhalten aller dreireihigen Nietverbindungen kennzeichnend ist. Man sieht beim Querschnitt VI—VI

Abb. 26. Bruchquerschnitt I—I der Nietverbindung in Abb. 25.

links feine Risse $r_1 r_1$, die von der Lochwand ausgehen. Diese beiden Risse zeigen wiederum, daß der Bruch an der Lochwand begann. Der äußere Befund an diesen Rissen ergibt weiter, daß es sich um einen spröden Bruch handelt, weil Dehnungen und Querschnittsverminderungen bei den Rißrändern nicht erkennbar sind. Was im Querschnitt VI—VI bei $r_1 r_1$ geschehen ist, ist schon vorher im Querschnitt I—I bei *rrrr* an den dort gelegenen Nietlöchern vor sich gegangen. Der dazugehörige Bruchquerschnitt ist in Abb. 26 wiedergegeben. Die Struktur der Rißflächen verweist auch hier auf den Ausgang der Risse von den Lochwandungen.

Die Risse *rrrr* sind allmählich entstanden; dabei blieb das Blech — beispielsweise in Abb. 26 rechts bis *aa* bzw. *bb* — ohne deutlich sichtbare, bleibende Formänderung. Nachdem sich die Risse bis *aa* bzw. *bb* ausgedehnt hatten, ist der Widerstand in dem bedeutend geschwächten Querschnitt des Blechs so herabgesetzt gewesen, daß die weitere Zerstörung durch einen gewöhnlichen Gewaltbruch entstand, also unter örtlicher Einschnürung und Dehnung. Dementsprechend sind in Abb. 26 zwei Zerstörungsvorgänge zu erkennen, zuerst der allmählich von den Lochwänden fortschreitende Riß durch oftmals wiederkehrende Belastung, zum Schluß der beim gewöhnlichen Zerreißversuch eintretende Gewaltbruch auf dem Restquerschnitt.

c) Vergleich der Ergebnisse der Zerreißversuche und der Dauerzugversuche, zugleich Zusammenfassung der wichtigsten Ergebnisse zu Zusammenstellung 1.

α) Formänderungen. Die Belastungen, unter denen die bleibenden Verlängerungen der Meßstrecken A und B, Abb. 2, größer als 0,01 mm, also deutlich erkennbar wurden, sind in den Spalten 11 und 19 der Zusammenstellung 1 eingetragen. Sie betragen

	beim Zerreißversuch	beim Dauerversuch
für die einreihigen Verbindungen . .	$\tau = 4{,}3$—$10{,}2$	2,3—9,4 kg/mm²,
bei den dreireihigen Verbindungen . .	$\tau = 1{,}9$— $5{,}6$	1,9—5,6 kg/mm².

Im Durchschnitt sind diese Belastungen beim Dauerversuch etwas kleiner ausgefallen als beim Zerreißversuch[1].

Bei weiterer Steigerung der Belastung bis zu zulässigen Belastungen und darüber hinaus

[1] Die eben angegebenen Belastungen τ sind auf den Querschnitt der Niete bezogen; sie entsprechen sinngemäß dem Gleitwiderstand, der von C. Bach vor rd. 40 Jahren eingehend verfolgt worden ist, vgl. Z. VDI 1892, S. 1139 ff. Die bei den vorliegenden Versuchen gefundenen Werte sind im allgemeinen kleiner als die von C. Bach mitgeteilten. Dabei ist zu beachten, daß die Bauart der Nietverbindungen, welche C. Bach untersucht hat, in der Regel

sind die gesamten und bleibenden Formänderungen unter oftmals wiederholter Belastung deutlich größer geworden als beim gewöhnlichen Zerreißversuch (vgl. u.a. Abb. 17 bis 19).

Beim gewöhnlichen Zerreißversuch nahmen die Verlängerungen der Strecken A und B schon bei Lasten, die erheblich unter der Höchstlast lagen, bedeutend zu (vgl. die Spalten 12 und 15 der Zusammenstellung 1). Beim Dauerversuch setzten die größeren Formänderungen erst unter der Höchstlast allmählich ein. Die Zahl der Lastwechsel, welche nach dem Beginn der größeren Formänderungen bis zum Bruch nötig war, ist für die Verbindungen aus St 37 größer ausgefallen als für solche aus St 52 (vgl. die Abb. 13 bis 16).

Die Größe der Änderungen der Strecken A und B erwies sich wesentlich abhängig von dem Nietwerkstoff (vgl. z.B. Abb. 9, sowie Abb. 22 u. 23).

Lehrreich waren ferner die Feststellungen über die Verteilung der Bewegungen in den Nietverbindungen; sie sind unter a, α zu Abb. 5 bis 8 beschrieben.

Im übrigen sei auf a, α und b, α verwiesen.

β) Die *Höchstlasten,* welche beim Zerreißversuch und bei oftmals wiederholter Zugbelastung getragen wurden, sind den Spalten 15—17 und 24—26 der Zusammenstellung 1 zu entnehmen. Im einzelnen sind die Ergebnisse unter a, β und b, β erörtert. Als Beispiele sind die Ergebnisse von dreireihigen Nietverbindungen in Abb. 27 zeichnerisch dargestellt. Man sieht dort u.a., daß bei den gewählten Beispielen die Zuganstrengung σ_{max} beim Zerreißversuch in der Regel über der Zugfestigkeit des verwendeten Werkstoffs lag und daß sich σ_{max} ungefähr mit der Größe der Zugfestigkeit des Werkstoffs änderte. Demgegenüber zeigt der Linienzug für σ_{max} (d_z), d.i. die höchste Beanspruchung, welche beim Dauerversuch erreicht wurde, daß hier der Einfluß des Werkstoffs nicht bedeutend war, wie unter b, β im einzelnen erörtert worden ist.

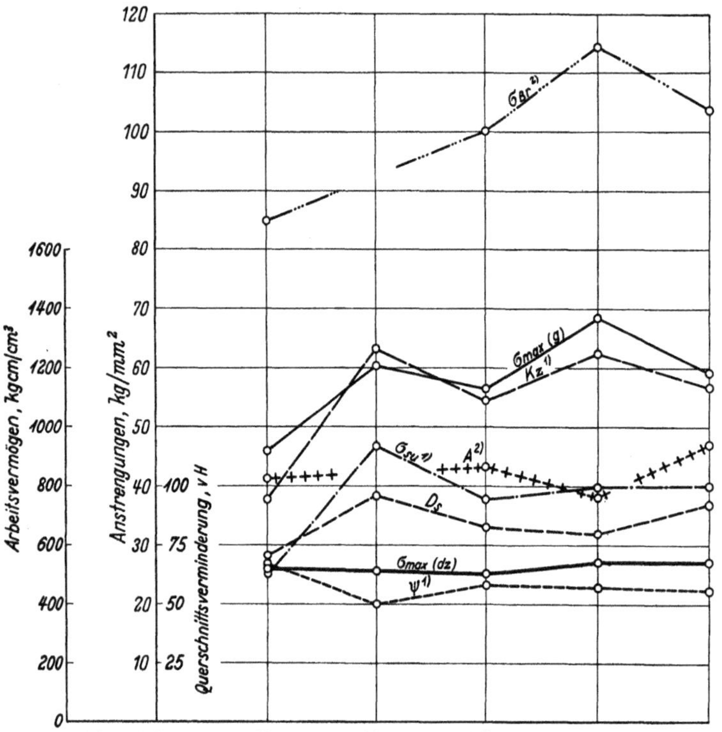

Nietverbindung	A3d	A3c	A3e	A3g	A3i
Werkstoff der Bleche	St37	StSi	St52	St52	St52
Werkstoff der Niete	St34	StSi	MnCu	St52	St52
σ_{max} (dz) : σ_{max} (g)	0,57	0,42	0,45	0,39	0,46
σ_{max} (dz) : σ_{su}	1,04	0,55	0,66	0,68	0,67
σ_{max} (dz) : K_z	0,69	0,40	0,46	0,43	0,48
σ_{max} (dz) : D_s	0,92	0,67	0,76	0,84	0,73
Verhältniszahlen für σ_{max} (dz)	100	99	97	104	104

1) Ermittelt an Flachstäben vom Rande des Blechs.
2) Ermittelt an Flachstäben von der Mitte des Blechs.

Abb. 27.

——— Zuganstrengung des Blechs unter der Höchstlast beim Dauerzugversuch σ_{max} (dz).

——— Zuganstrengung des Blechs unter der Höchstlast beim Zerreißversuch σ_{max} (g).

—·— Untere Streckgrenze σ_{su}.

——— Zugfestigkeit K_z.

—··— Bruchfestigkeit σ_{Br}.

+++++ Arbeitsvermögen A.

------ Querschnittsverminderung ψ.

— — — Schwingungsfestigkeit Ds.

wesentlich anders war. Ferner ist zu berücksichtigen, daß die Verschiebungen gemäß dem zu Abb. 5 bis 8 Gesagten allmählich von den Laschenenden aus gegen die Stoßstellen der Bleche anwachsen. Zur Kritik der Verhältnisse sei auf die Entwicklung der bleibenden Längenänderungen in Abb. 4 verwiesen.

In Abb. 27 sind außerdem die Streckgrenze σ_{su} des verwendeten Materials, die Zugfestigkeit K_z, die Querschnittsverminderung ψ, ferner die Bruchfestigkeit σ_{Br}, schließlich das Arbeitsvermögen des Werkstoffs beim Zugversuch eingetragen[1]. Ferner finden sich in Abb. 27 Angaben über die Schwingungsfestigkeit D_s des Werkstoffs, ermittelt auf der Schenkschen Biegemaschine an polierten, umlaufenden Stäben[2]. Bestimmte Beziehungen zwischen der Dauerfestigkeit der Nietverbindungen und den übrigen Kennziffern des Werkstoffs lassen sich hier nicht entnehmen.

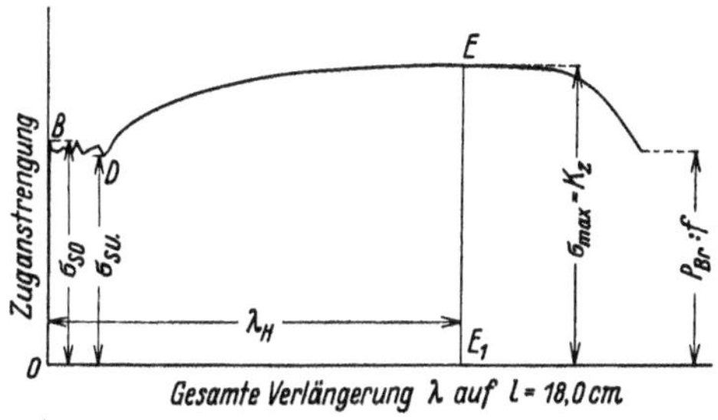

Abb. 28. Ergebnisse eines Zugversuchs mit dem langen Proportionalstab ($F = 2{,}5\ \text{cm}^2$). St 37.

γ) *Bruchbilder.* Über die Bruchbilder beim Zerreißversuch ist das Erforderliche bereits unter a, γ gesagt. Bei den Dauerversuchen ging der Bruch stets von den Wandungen der Nietlöcher aus in der unter b, γ beschriebenen Art. Weiteres hierzu wird bei den späteren Versuchen beschrieben.

δ) *Bruchursachen.* Die Zerreißversuche zeigten, daß die Festigkeit des Blechmaterials bei St 52 ausgenützt werden kann. Allerdings scheint es, daß hierzu das Verhältnis $\sigma:\sigma_l$ nicht über etwa 1 : 2 steigen sollte.

Bei den Dauerzugversuchen hat der Bruch allgemein an den Wandungen der Nietlöcher begonnen. Inwieweit dabei die Größe des Lochwanddrucks und die Beanspruchung der Niete beteiligt sind, ließ sich mit den bis jetzt genannten Versuchen noch nicht feststellen.

Im übrigen sei auf das unter a, γ und b, γ Gesagte verwiesen.

II. Versuche über die Dauerzugfestigkeit von Baustählen verschiedener Herkunft, ohne und mit Bohrung. Einfluß der Art der Belastung (oftmals wiederkehrende Zugbelastung ohne und mit gleichzeitig wirkender ruhender Zugbelastung).

Bei den Versuchen unter I erwies sich die Widerstandsfähigkeit von Baustählen St 37, St 48, St Si und St 52 gegenüber oftmals wiederholten Zugbelastungen im Mittel nicht erheblich verschieden[3]. Um zu erfahren, ob dieses Ergebnis allgemeine Bedeutung hat, waren mit einer größeren Zahl verschiedener Stähle, die z. T. von Hüttenwerken, z. T. aus dem Handel bezogen worden sind, Vergleichsversuche anzustellen. Dies geschah wie bisher an Material mit Walzhaut

a) mit Flachstäben ohne Bohrung,

b) mit Flachstäben mit Bohrung, wobei auch der Einfluß der Beschaffenheit der Lochwand verfolgt wurde.

Dazu traten Versuche mit Material, das vor der Dauerbelastung insgesamt vorgereckt, sowie mit Material, das an den Lochwänden kalt verformt war.

Die Belastung wurde in der Regel als oftmals wiederkehrende Zugbelastung aufgebracht; außerdem sind ruhende Lasten und bewegte Lasten gleichzeitig angewandt worden, wobei der Einfluß des Anteils der ruhenden Last zu verfolgen war.

Über die Versuchsausführung und über einen großen Teil der Ergebnisse ist schon früher

[1] Das Arbeitsvermögen entspricht der Fläche $OBEE_1$ in Abb. 28.

[2] Man sieht in Abb. 27 auch, daß die Schwingungsfestigkeit D_s des feinbearbeiteten Materials St 52 erheblich größer ausfiel als bei St 37. Dieses Ergebnis ist bei Nietverbindungen nicht zu verwenden, weil, wie schon an anderen Stellen nachgewiesen ist, die Widerstandsfähigkeit des Materials mit der Walzhaut wesentlich abweicht von der Widerstandsfähigkeit des bearbeiteten Materials. Vgl. auch Barner: Der Einfluß von Bohrungen auf die Dauerfestigkeit von Stahlstäben. VDI-Verlag 1931.

[3] In bezug auf Druckbelastungen vgl. Stahlbau 1934, Heft 2, S. 9 u. f.

berichtet worden, so daß die folgenden Mitteilungen als gedrängte Zusammenfassung der bis Mitte 1934 gesammelten Beobachtungen gebracht werden können[1].

Abb. 29 zeigt die Ursprungszugfestigkeit von Flachstäben ohne Bohrung (Vollstäbe) in

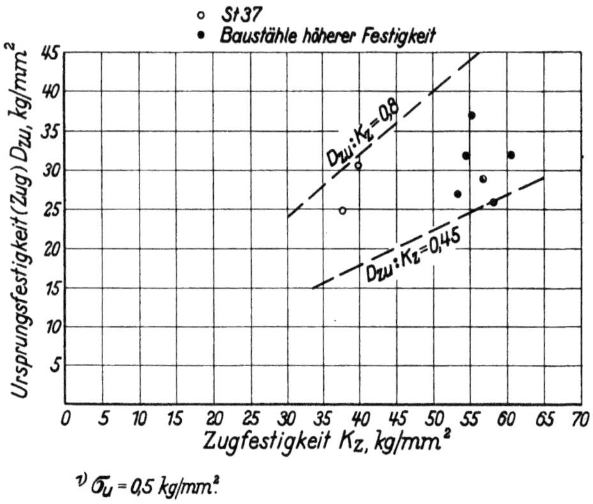

Abb. 29. Zugfestigkeit und Ursprungfestigkeit (Zug) von Baustählen (ungelochte Flachstäbe mit Walzhaut).

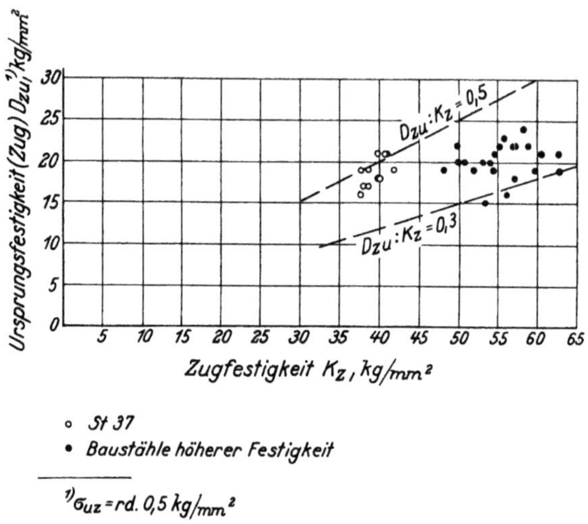

Abb. 30. Zugfestigkeit und Ursprungszugfestigkeit von Baustählen (gebohrte Flachstäbe mit Walzhaut).

Beziehung zur Zugfestigkeit K_z, und zwar für zwei Stähle St 37 und für sechs Stähle höherer Festigkeit. Die Einzelwerte liegen bei St 37 zwischen 25 und 30,5 kg/mm², bei den Stählen höherer Festigkeit zwischen 26 und 37 kg/mm ²*. Bei diesen Untersuchungen machte sich der Einfluß der Beschaffenheit der Walzhaut geltend, derart, daß Stäbe mit glatter, kerbfreier Walzhaut die höheren Werte lieferten.

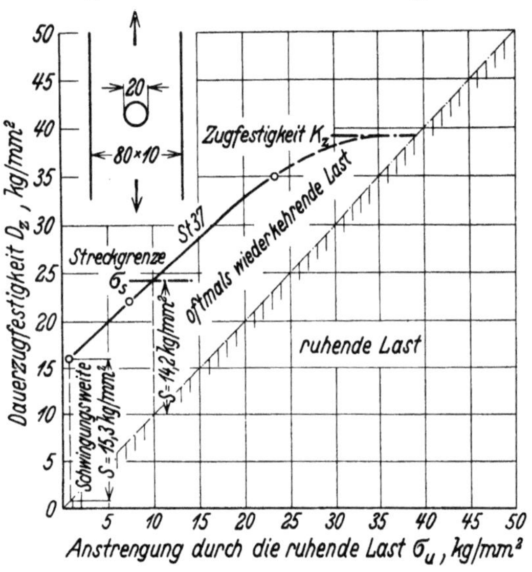

Abb. 31a. Widerstandsfähigkeit von gebohrten Flachstäben aus St 37 gegen ruhende und gegen oftmals wiederkehrende Lasten.

Wichtiger sind die Ergebnisse in Abb. 30, welche zu Flachstäben mit Bohrung gehören (Stabbreite 50—90 mm, Stabdicke 10—16 mm, Lochdurchmesser 17—23 mm); zu der Zugfestigkeit ist wieder die Ursprungszugfestigkeit aufgetragen. Hiernach fand sich

bei 11 Stählen St 37 $D_{zu} = 16—21$ kg/mm²,
im Mittel 19 kg/mm²,
bei 28 Stählen höherer Festigkeit D_{zu} . = 15—24 kg/mm²,
im Mittel 21 kg/mm².

Hieraus ergibt sich, daß die Stähle höherer Festigkeit im gebohrten Stab im Mittel eine nur wenig höhere Ursprungszugfestigkeit lieferten als die Stähle St 37. Man kann also z. Zt. nicht annehmen, daß Stähle höherer Festigkeit bei Beanspruchung durch bewegte Lasten wesentlich widerstandsfähiger sind als St 37.

Mit der Ursprungszugfestigkeit können die Stähle in bezug auf die Widerstandsfähigkeit gegen oftmals wiederkehrende Beanspruchungen beurteilt werden; die Ursprungszugfestigkeit kennzeichnet die Schwingungsweite, welche bei oftmaliger Belastung und Entlastung ertragen wird. Die Schwingungsweite, welche beim Wechsel von Zug- und Druckanstrengungen auf-

[1] Vgl. Graf: Masch.-Bau 1931, S. 84 ff., sodann Dauerfestigkeit von Stählen mit Walzhaut, ohne und mit Bohrung, von Niet- und Schweißverbindungen, VDI-Verlag 1931; ferner Z. VDI 1932, S. 438 ff. und Stahlbau 1933, S. 81 ff.

* Hier und bei allen folgenden Versuchen enthalten die Werte der Ursprungszugfestigkeit eine kleine ruhende Grundlast von $\sigma_u = 0{,}5$ kg/mm²

treten kann, ohne zum Bruch zu führen, ist bei gebohrten Stäben nur wenig größer als bei Ursprungsbelastung zu erwarten; treten zu den bewegten Lasten noch ruhende, so wird die Schwingungsweite kleiner.

Abb. 31a und b zeigen die Veränderlichkeit der Schwingungsweite für einen St 37 und einen St 52. Bei Ursprungsbelastung waren die Schwingungsweiten S der Stähle 15 bzw. 18 kg/mm²; als die Gesamtanstrengung des St 37 35 kg/mm² betrug[1], konnte die Schwingungsweite von rd. 12 kg/mm² den Bruch noch nicht herbeiführen; beim St 52 war bei $\sigma = 43$ kg/mm² die Schwingungsweite $S = 14$ kg/mm² möglich, mit $\sigma = 54$ kg/mm² noch $S = 10$ kg/mm².

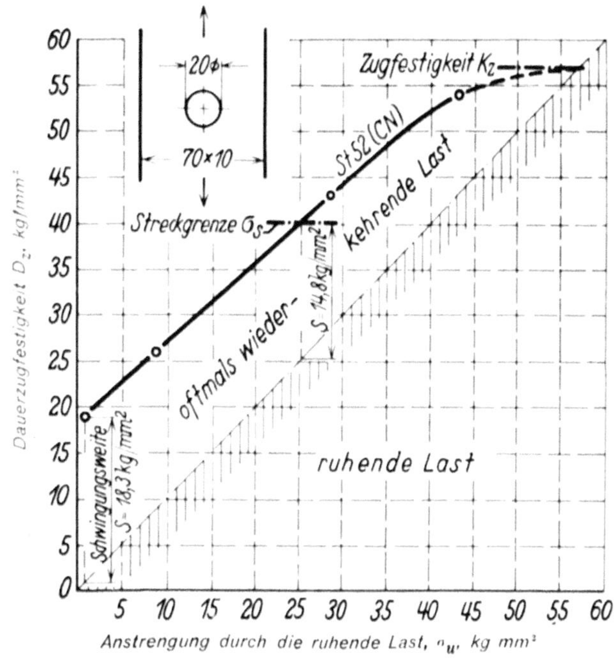

Abb. 31b. Widerstandsfähigkeit von gebohrten Flachstäben aus St 52 gegen ruhende Lasten und gegen oftmals wiederkehrende Lasten.

Aus diesen Beispielen und aus zahlreichen anderen Versuchen ergibt sich, daß die Baustähle bis zu sehr hohen Anstrengungen, die weit über der Streckgrenze liegen, erhebliche bewegte Lasten aufnehmen können, derart, daß die Schwingungsweiten durch bewegte Lasten bei St 52 im Mittel etwas größer sind als bei St 37.

Diese wertvollen Eigenschaften der Baustähle lassen sich praktisch nicht voll ausnützen, weil bei Überschreitung der Fließgrenze so große bleibende Formänderungen eingeleitet werden, daß die zulässigen Anstrengungen unter der Fließgrenze bleiben müssen. Abb. 31a u. 32 zeigen, daß der Widerstand des Stahls St 37 nahe der statischen Festigkeit lag, auch wenn ein Drittel der Gesamtbelastung oftmals wiederkehrte; jedoch war die Formänderung wegen Überschreitung der Fließgrenze unzulässig groß geworden. Es tritt deshalb die Frage auf, wie groß die Belastung des gebohrten Stabs gewählt werden darf, wenn die Formänderungen in zulässigen Grenzen bleiben sollen.

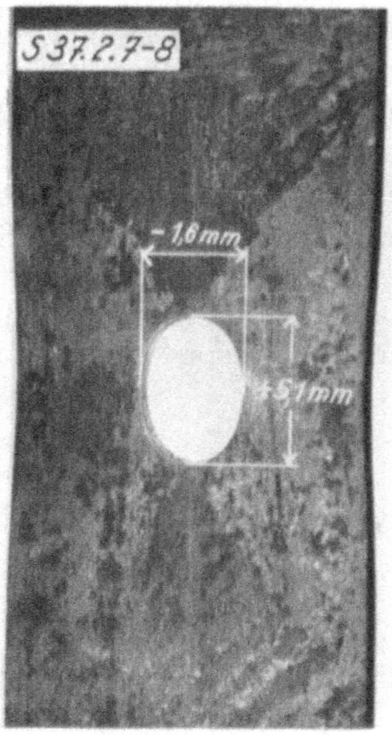

Abb. 32. Gebohrter Stab aus St 37 nach 2004000 Lastwechseln zwischen $\sigma_u = 26{,}1$ und $\sigma_o = 39{,}0$ kg/mm². Der Durchmesser der Bohrung (ursprünglich $d = 20{,}1$ mm) hat sich längs um 5,1 mm vergrößert, quer um 1,6 mm verkleinert (Streckgrenze $\sigma_s = 27{,}7$ kg/mm²; Zugfestigkeit $K_z = 41{,}9$ kg/mm², je im gebohrten Stab).

Dazu wurden die bleibenden Änderungen der Lochdurchmesser an Stäben beobachtet, die oftmals belastet und entlastet worden sind. Es fand sich, daß die bleibenden Formänderungen sehr klein blieben, solange die oft wiederholten Anstrengungen — im Restquerschnitt des gebohrten Stabs als gleichmäßig verteilt vorausgesetzt — unter neun Zehntel der nach DIN 1605 ermittelten Streckgrenze blieben. Nach weiteren Beobachtungen kann man für den Stahlbau voraussetzen, daß praktisch erhebliche bleibende Formänderungen im Gebiet der Bohrungen erst einsetzen, wenn die mittlere Anstrengung des Querschnitts den Wert der Streckgrenze aus

[1] Die Zugfestigkeit des Stahls St 37 (G 37) betrug nach DIN 1605 37,6 kg/mm²; beim St 52 (CN) ist 54,5 kg/mm² ermittelt worden. Mit dem gebohrten Stab waren als Zugfestigkeit 39,2 kg/mm² bzw. 56,7 kg/mm² ermittelt worden.

dem normengemäßen Zugversuch überschreitet[1]. Demgemäß sind in Abb. 31a und b die Werte σ_s als Grenzen eingetragen.

In Abb. 31a und b sind die für die Anwendung der beiden Stähle maßgebenden Linien, nämlich die Linie der Widerstandsfähigkeit gegen oftmalige Belastung und die Linie der Streckgrenze (Grenze gegen unzulässige Formänderungen) hervorgehoben. Damit ist für die beiden Stähle das Feld gekennzeichnet, das zu praktischer Nutzung geboten ist. Man sieht hier ohne weiteres, daß der Stahl St 52 (CN) in erster Linie zu verwenden ist, wenn der Anteil der ruhenden Lasten über etwa vier Zehntel der Gesamtlasten beträgt. Dieses Ergebnis hat sich bei allen bisher geprüften Baustählen sinngemäß als zutreffend erwiesen; damit fand sich, daß die Stähle höherer Festigkeit anzuwenden sind, wenn neben oftmals wiederkehrenden Anstrengungen noch große ruhende Anstrengungen auftreten. Diese Bedingung hat in den letzten Jahren weitgehende Zustimmung erfahren.

Neben den bisher beschriebenen Versuchen wurde u.a. verfolgt, inwieweit die Ursprungszugfestigkeit gebohrter Stäbe durch Feinbearbeitung gehoben werden kann[2].

Bei einem Stahl mit rissiger Walzhaut stieg die Ursprungszugfestigkeit durch Polieren der Lochwand und der Stabflächen neben dem Loch von 15 auf 24 kg/mm². Diese Ergebnisse sind nur für den Maschinenbau von unmittelbarer Bedeutung.

Weitere Nebenversuche erstreckten sich auf das Verhalten von gebohrten Stäben aus St 37, die vor dem Dauerversuch überlastet und damit gereckt worden sind. Die Streckgrenze des Stahls betrug $\sigma_s = 23{,}6\,\text{kg/mm}^2$; die Recklast, die während 5—10 sek wirkte, betrug 35 kg/mm². Die Ursprungszugfestigkeit des gebohrten Stabs ist durch das Recken von 16 auf 20 kg/mm² gehoben worden, wobei der Widerstand des gereckten Stabs auf den ursprünglichen Querschnitt bezogen ist[3].

Schließlich wurde auf Anregung von Herrn Professor Dr.-Ing. Siebel verfolgt, ob die Ursprungszugfestigkeit des gebohrten Stabs durch Aufwalzen der Bohrung erhöht werden kann. Mit diesem Aufwalzen wird das Material an der Lochwand kalt verformt und poliert; nach dem Walzen wirken an der Lochwand Druckspannungen, welche als negative Vorspannungen den Widerstand gegen äußere Zugkräfte erhöhen sollen[4]. Bei unseren Versuchen betrug die Aufweitung der Bohrung rd. 1,5%; die Ursprungszugfestigkeit der Stäbe mit aufgeweiteten Bohrungen ist größer ausgefallen als bei Stäben, die lediglich sachgemäß gebohrt wurden. Das Mehr war bei St 37 erheblich (Steigerung von 16 auf rd. 21 kg/mm²), bei St 52 nicht bedeutend.

Die bisher beschriebenen Versuche gelten für das Verhalten der Stähle gegenüber Zugbelastungen. Wenn es sich um Druckbelastungen handelt, liegen die Verhältnisse günstiger, wie an anderer Stelle gezeigt ist[5].

III. Bemerkungen über die Bedingungen zur Nutzbarmachung der Widerstandsfähigkeit der Baustähle in Nietverbindungen, die oftmals wiederkehrende Belastung tragen sollen.

(Spezifischer Lochleibungsdruck, Gleitwiderstand, Reibungszahl, Klemmkraft, Lochfüllung usf.).

Die unter II beschriebenen Versuche mit verschiedenen Baustählen sollen vergleichsweise die Leistungsfähigkeit der Stähle unter oftmals wiederholten Belastungen zeigen. Es ist nun die Aufgabe der Ingenieure, bei der Gestaltung der Bauelemente und bei der Verarbeitung in der Werkstatt Sorge zu tragen, daß die Leistungsfähigkeit der Stähle tunlichst vollwertig zur

[1] An polierten Stäben mit Bohrungen sind die ersten Fließlinien an den Lochrändern unter Belastungen beobachtet worden, die einer mittleren Anstrengung von rd. $0{,}5\,\sigma_s$ entsprechen.

[2] Über einen Teil dieser Versuche hat Barner berichtet; vgl. Der Einfluß von Bohrungen auf die Dauerzugfestigkeit von Stahlstäben. VDI-Verlag 1931. Weiteres vgl. bei Graf: Z. VDI 1932, S. 438.

[3] Auf den Querschnitt nach dem Recken entfallen 21,6 kg/mm².

[4] Vgl. auch Thum: Z. VDI 1931, S. 1328, sowie Thum und Ochs: Z. VDI 1932, S. 915.

[5] Vgl. Anm. 3, S. 17.

Geltung kommt, z. B. daß die Tragfähigkeit der Stähle in den Nietverbindungen ebenso hoch wird wie im gebohrten Stab.

Bei den Versuchen mit dem gebohrten Stab wird die Last an den Enden der Stäbe aufgenommen; die Last ist über die ganze Stablänge also auch beim Loch gleich groß. In den Nietverbindungen wird die Last durch den Nietschaft als Lochleibungsdruck in die Bleche übertragen, so daß die maßgebende Anstrengung an den Lochwandungen über die beim gebohrten Stab auftretenden Anstrengungen hinaus wesentlich vom spezifischen Lochwanddruck abhängt.

Beispielsweise trug St 52D

α) im gebohrten Stab mehr als 2 Millionen Lastwechsel von 7—27 kg/mm²,

β) in zweireihigen Nietverbindungen ($\sigma : \sigma_l : \tau =$ rd. 1 : 1,6 : 0,7) mehr als 2 Millionen Lastwechsel von 7—24 kg/mm²,

γ) in Verbindungen wie β, jedoch statt Nieten passende Bolzen ohne Klemmkraft, nur 369 900 Lastwechsel von 7—24 kg/mm².

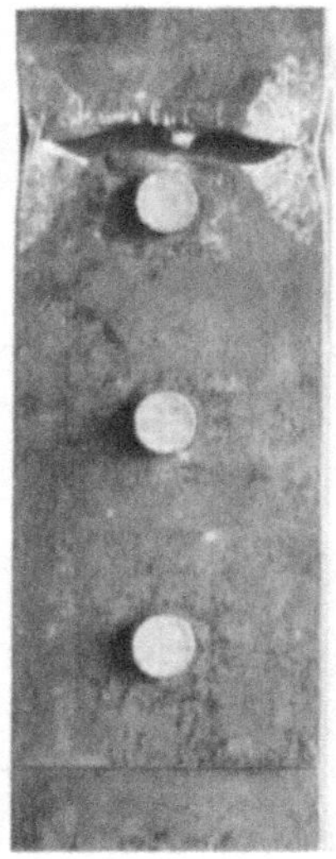

Abb. 33. Dreireihige Nietverbindung aus St 37 nach 1 786 400 Lastwechseln zwischen $\sigma = 0{,}5$ und 22,7 kg/mm² (Nietköpfe abgehobelt, eine Lasche beseitigt).

Weitere Versuche, auf die unter VIII und IX eingegangen wird, zeigten wie die Widerstandsfähigkeit ordentlich hergestellter Nietverbindungen von der rechnerischen Größe des Lochwanddrucks abhängt und wie die Leistungsfähigkeit der Stähle nur voll ausgenutzt werden kann, wenn der spezifische Lochwanddruck begrenzt ist. Dementsprechend muß für Nietverbindungen, die oftmals wiederholte Lasten aufnehmen sollen, der zulässige Lochwanddruck im besonderen erkundet werden. Dabei ist u.a. zu beachten, daß der Lochwanddruck in sachgemäß hergestellten Nietverbindungen kleiner bleibt als die äußere Last, weil in guten Nietverbindungen stets Reibung vorhanden ist, mit der ein Teil der Last unmittelbar an den Berührungsflächen der Bleche und Laschen übertragen werden kann[1]. Unter günstigen Verhältnissen kann die Beanspruchung der Bleche am Loch durch die Reibung soweit entlastet werden, daß die Zerstörung nicht mehr am Loch, sondern gemäß Abb. 33 vor dem Loch erfolgt. Solche Feststellungen regen an, zu verfolgen, wie die Reibung sichergestellt werden kann und mit welchen Maßnahmen die Reibung zu beeinflussen ist[2]. Dies geschah durch die unter Kap. IV beschriebenen Versuche über die in den Nieten entstehenden Spannungen, die in den Nietverbindungen Klemmkräfte erzeugen, ferner durch die unter Kap. V besprochenen Untersuchungen über die Bedeutung der Oberflächenbeschaffenheit der Bleche, der Anstriche usf.

Wenn der Reibungswiderstand (Gleitwiderstand) in den Nietverbindungen überschritten wird, so sollten die Verschiebungen möglichst klein bleiben, namentlich, wenn oftmaliger Wechsel zwischen Zug- und Druckbelastung stattfindet. Deshalb muß in solchen Fällen auf gute Füllung der Löcher durch die Niete geachtet werden[3].

Wenn der zulässige Lochwanddruck gesucht wird, muß auch der Biegewiderstand der Niete beachtet werden, weil die Verteilung des Lochwanddrucks an der Lochwand die Anstrengung des Blechs an maßgebender Stelle beeinflußt.

[1] Beispielsweise zeigen die S. 1, unter Anm. 3 bezeichneten Versuche, daß die durch aufgenietete Platten erzeugte Reibung die Verschwächung durch das Loch teilweise aufheben kann.

[2] Über die Erwärmung, welche durch das oftmalige Gleiten bei Nietverbindungen auftritt und deren Größe unter sonst gleichen Umständen die Güte des Reibungsschlusses kennzeichnet, vgl. Stahlbau 1932, S. 99 ff.

[3] Schaechterle: Stahlbau 1933, S. 117 ff.

IV. Aus Versuchen über die in den Nieten entstehenden Spannungen (Einfluß des Nietmaterials, der Schaftlänge, der Blechzahl, des Nietdrucks usf.) und über die Festigkeit des Nietmaterials nach dem Schlagen, durchgeführt in den Jahren 1930 bis 1933[1].

Bei diesen Versuchen ist zunächst in Fortsetzung der Arbeiten von R. Baumann[2] untersucht worden, ob die Niete aus Stählen höherer Festigkeit größere oder kleinere Klemmkräfte liefern als Niete aus St 34. Dabei fand sich, daß die Klemmspannungen in Nieten aus Stahl höherer Festigkeit oftmals kleiner blieben als in Nieten aus St 34. An diesem Ergebnis war die Zusammensetzung der Stähle wesentlich beteiligt[3].

	Niethammer	Nietzeit sek	Bezeichnung der Niete nach Abb. 48 (Reihenfolge beim Nieten)	Klemmspannungen, kg/mm² ** Einzelwerte	Mittelwerte
1. Herstellung	H 32 a	5	1	6,9	
			2	6,1	6,3
			3	5,1	
			4	7,2	
		10	1	6,2	
			2	6,6	
			3	6,7	6,0
			4	4,6	
		15	1	6,0	
			2	7,9	
			3	10,2	7,9
			4	7,6	
	N 80	10	1	8,0	
			2	6,8	
			3	7,1	6,6
			4	4,6	
2. Herstellung	H 32 a	15	1	8,2	
			2	7,9	
			3	6,4	7,7
			4	8,5	
	N 80	15	1	8,4	
			2	10,6	
			3	9,1	10,1
			4	12,2	

Beim Schlagen von Nieten aus Stählen höherer Festigkeit war weitergehende Sorgfalt nötig als bei Verwendung von Nieten aus St 34.

Um die möglichen Klemmspannungen genügend zuverlässig zu erreichen, muß der Nietdruck, bzw. das Hammergewicht und die zugehörige Luftpressung mit zunehmender Festigkeit des Nietwerkstoffs größer gewählt werden. Beispielsweise erwies sich der Nietdruck P_n als ausreichend

	bei St 34	St M_2
mit σ_s* =	rd. 34	36,4 kg/mm²,
mit K_z* =	46,9	55,9 kg/mm²,
wenn P_n =	96	135 kg/mm².

An Verbindungen nach Abb. 48 (Gesamtdicke 33 bis 34 mm), die mit dem Hammer H 32a (Gewicht 10,4 kg, Döppergewicht 1,11 kg), ebenso mit dem Hammer N 80 (Gewicht 13,3 kg, Döppergewicht 1,33 kg) hergestellt worden sind und die aus den Werkstoffen bestanden, die zu Reihe 3 der Zusammenstellung 5 benutzt worden sind, wurden die im folgenden aufgeführten Klemmspannungen ermittelt.

Hiernach sind die Klemmspannungen nach 15 Sekunden Nietzeit größer ausgefallen als nach 10 bzw. 5 Sekunden. Der schwerere Hammer N 80 hat etwas größere Klemmspannungen geliefert als der Hammer H 32a. Die Reihenfolge der Herstellung der Niete blieb bei den vorstehenden Versuchen ohne wesentlichen Einfluß.

[1] Über die in den Jahren 1930 und 1931 aufgeführten Versuche hat Wellinger in der Schrift: Eigenspannung, Gefüge und Festigkeit warmgeschlagener Nieten, Wilhelm Ernst & Sohn, Berlin 1932, berichtet. Auf die Ergebnisse dieser Versuche wird im vorliegenden Bericht nur mit einigen wichtigen Beispielen eingegangen.

[2] Vgl. Z. VDI 1912, S. 1890 ff. Diese Versuche betreffen Niete aus weichem Werkstoff, wie er seinerzeit für den Kesselbau verwendet worden ist.

[3] Inzwischen durch Versuche von Schulz und Buchholtz in: Stahl u. Eisen 1933, S. 547 u. 548, bestätigt.

* Im Einlieferungszustand, vor dem Schlagen der Niete.

** Mit $\alpha = \frac{1}{2\,100\,000}$ berechnet.

Weitere Verbindungen nach Abb. 48 wurden mit dem Hammer H 35b (Gewicht 12,9kg, Döppergewicht 1,11kg bzw. 1,33kg) und wieder mit dem Hammer N 80 (Gewicht 13,3kg; Döppergewicht 1,33kg) hergestellt (3. Herstellung). Die Nietzeit betrug in allen Fällen 15 Sekunden. Es ergaben sich die folgenden Klemmspannungen:

Niethammer	Döppergewicht kg	Bezeichnung der Niete nach Abb. 48 (Reihenfolge beim Nieten)	Klemmspannungen, kg/mm² * Einzelwerte	Mittelwerte
H 35 b	1,11	1	4,6	6,5
		2	6,9	
		3	6,4	
		4	8,2	
	1,33	1	7,0	7,8
		2	7,6	
		3	7,7	
		4	8,8	
N 80	1,33	1	6,7	8,6
		2	9,2	
		3	8,7	
		4	9,8	

Mit dem Hammer N 80 entstanden höhere Klemmspannungen als mit dem Hammer H 35b. Außerdem wurden die Klemmspannungen bei H 35b erhöht, wenn das Döppergewicht gesteigert wurde.

Die Klemmspannung der Niete ist bei Schaftlängen unter etwa 80mm in hohem Maße von der Schaftlänge abhängig. Die höchstmögliche Klemmspannung entsteht unter praktischen Verhältnissen nur mit langen Nieten. Dabei ist zu beachten, daß mit zunehmender Blechzahl Verluste durch Nachgeben der Bleche möglich sind.

Als Beispiele seien folgende Zahlenreihen wiedergegeben. Niete aus St 44 (Brinellhärte im geglühten Zustand H = 131 kg/mm², entsprechend σ_B = 47kg/mm²), Schaftdurchmesser 17mm, Klemmlänge 28mm, in dreilagiger Nietung mit Flacheisen aus St 52 ohne Zwischenanstrich, besaßen Klemmkräfte von 6,5—15,5kg/mm², im Mittel von rd. 11kg/mm². Die Klemmspannungen waren abhängig von der Art der Nietung; sie fanden sich bei Herstellung in verschiedenen Werkstätten deutlich verschieden.

Niete aus St 34, Schaftdurchmesser 26mm, Klemmlänge rd. 104mm in neunlagiger Nietung mit Blechen aus St 37 ohne Zwischenanstrich, besaßen Klemmkräfte von 16,4—19,6kg/mm², im Mittel von 18,2kg/mm².

Sodann sei auf Feststellungen über die Nietschaftdurchmesser verwiesen. Mit dem Lufthammer entstanden größere Durchmesser als mit der Presse, besonders in der Mitte der Schaftlänge. Das Stauchen des Nietschafts gelang unter den gewählten Umständen mit dem Lufthammer besser als mit der Presse.

Für den vorliegenden Bericht dürften weiterhin die Untersuchungen über die Festigkeitseigenschaften der geschlagenen Niete zu beachten sein, weil entsprechend dem unter Kap. III Gesagten zu erwarten ist, daß der Biegewiderstand des Nietschafts (Fließgrenze, Festigkeit usf.) die Verteilung des Lochwanddrucks beeinflußt, damit auch die für die Dauerfestigkeit maßgebliche Anstrengung der Bleche an den Lochwänden usf. Wellinger[1] fand im Einklang mit früheren Feststellungen[2], daß die Zugfestigkeit für den geschlagenen Niet viel größer ist als im Lieferzustand, naturgemäß auch nicht über die ganze Schaftlänge gleich, außerdem nach dem Schlagen mit dem Lufthammer etwas anders als nach dem Pressen.

Zur Beurteilung dieser Verhältnisse sind wiederholt die Brinellhärten des Nietwerkstoffs vor und nach dem Schlagen der Niete ermittelt worden. Es fand sich im mittleren Teil der Schaftlänge

bei Nieten von 20 mm Durchmesser,
nach Angabe aus St 34, zu den Versuchen unter Kap. VI, B[3]:
ursprünglich (geglüht) . . . H = 117 kg/mm²,
nach dem Schlagen . . . . H = 145 kg/mm²;

* Mit $\alpha = \frac{1}{2\,100\,000}$ berechnet.

[1] Vgl. die S. 22 in der Anm. 1 genannte Schrift, S. 47 ff.

[2] Vgl. auch Rudeloff: Mitteilungen aus dem Materialprüfungsamt Berlin, Bd. 33 (1915) S. 81 ff.

[3] Vgl. Graf: Bauing. 1932, S. 391.

bei Nieten von 17 mm Durchmesser,
nach Angabe aus St 34, zu den Versuchen unter Kap. VI, A[1]:
ursprünglich . . . . H = 143 kg/mm²,
nach dem Schlagen . . . . H = 160 kg/mm²;

bei Nieten von 17 mm Durchmesser,
nach Angabe aus St 34, zu den Versuchen unter Kap. VIII[1],
ursprünglich . . . . H = 124 kg/mm²,
nach dem Schlagen . . . . H = 160 kg/mm².

Die Festigkeit des Nietwerkstoffs, wie sie in diesen Zahlen erscheint, dürfte in erster Linie in Verbindungen zur Geltung kommen, die große ruhende Lasten aufnehmen sollen. Wenn oftmals wiederkehrende Lasten zu übertragen sind, so wird eine höhere Festigkeit des Nietwerkstoffs nur besondere Bedeutung haben, wenn dieser Werkstoff außerdem höhere Klemmkräfte liefert, wie aus dem folgenden Abschnitt hervorgeht.

V. Versuche über den Einfluß der Reibung in Nietverbindungen auf ihre Widerstandsfähigkeit gegen oftmals wiederkehrende Belastungen (Bedeutung der Klemmkraft; Reibungsflächen ohne und mit Anstrich usf.) durchgeführt in den Jahren 1930 bis 1933.

Wenn die Kräfte in den Nietverbindungen ganz oder teilweise durch Reibung übertragen werden, so fehlen die Belastungen σ_l an der Lochleibung oder sie sind viel kleiner als sie die übliche Rechnung bestimmt, weil diese Rechnung die Reibung nicht berücksichtigt. Wenn man die bezeichnete Entlastung der Lochwand haben will, müssen in den Nietverbindungen tunlichst hohe Reibungskräfte entstehen, sei es durch die Klemmkräfte der Niete oder durch die Wahl geeigneter Oberflächenbeschaffenheit der Bleche oder durch beide Umstände zusammen.

Daß die Widerstandsfähigkeit gegen oftmals wiederholte Belastung durch die Größe der Klemmkräfte beeinflußt werden kann, ist vom Verfasser schon früher erörtert worden[2].

Im vorliegenden Bericht finden sich unter Kap. I, S. 9, 11, 12 und 16 weitere Angaben, welche dasselbe erkennen lassen; unter sonst gleichen Umständen sind die Formänderungen bei Verwendung von Nieten aus St 34 bei oftmals wiederholter Belastung kleiner geblieben als mit Nieten aus Stahl höherer Festigkeit, weil damals — wie später beobachtet wurde — die Niete aus St 34 die größeren Klemmkräfte geliefert hatten (vgl. auch Kap. IV, S. 22 ff.). Auch die Widerstandsfähigkeit gegen oftmals wiederholte Zugbelastungen ist damals mit Nieten aus St 34 etwas größer ausgefallen (vgl. Kap. I, S. 13, sowie Zusammenstellung 1, Reihen A 3e bis A 3k).

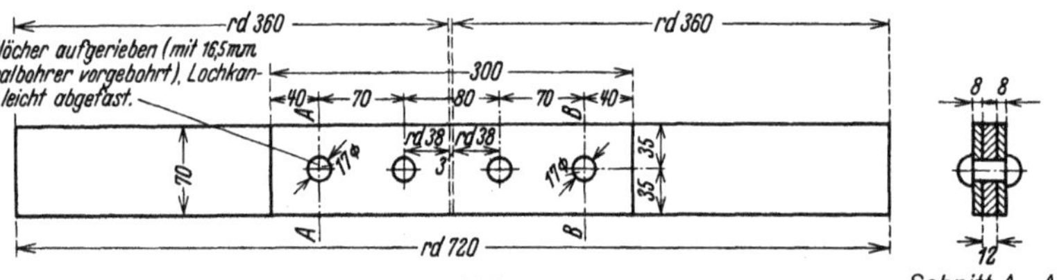

Abb. 34.

Im Jahre 1933 ausgeführte Versuche mit Verbindungen nach Abb. 34, hergestellt aus St 52 mit Nieten aus St 44, bestätigten diese Ergebnisse unmittelbar. Die Nietverbindungen wurden unter sonst gleichen Verhältnissen nach zwei verschiedenen Nietverfahren hergestellt; damit entstanden verschieden hohe Klemmkräfte. In den Stücken nach Verfahren I betrugen sie — auf den Nietquerschnitt bezogen — im Mittel 9,0 kg/mm², in den Stücken nach Verfahren II im Mittel 13,5 kg/mm². Damit wurde die Dauerzugfestigkeit bei 2 kg/mm² ruhender Vorlast ermittelt

für die Stücke I zu 17 kg/mm² (Schwingungsweite $S = 15$ kg/mm²),
für die Stücke II zu 19 kg/mm² (Schwingungsweite $S = 17$ kg/mm²).

[1] Vgl. Schaechterle: Bautechn. 1932, S. 292 ff., sowie Stahlbau 1932, S. 65 ff.

[2] Vgl. u. a. Graf: Dauerfestigkeit von Stählen mit Walzhaut, ohne und mit Bohrung, von Niet- und Schweißverbindungen, S. 20 ff.; ferner Z. VDI 1932, S. 438 ff.

Wenn man diesen Feststellungen über die Belastung der Gleitflächen Geltung verschaffen will, tritt die Frage hinzu, inwieweit der andere Faktor der Reibung, die Reibungszahl bei Nietverbindungen praktisch beeinflußt wird oder beeinflußt werden kann. Bei Stahlbauten ist es bisher üblich, die Berührungsflächen der Eisen vor dem Nieten mit Bleimennige zu streichen; viele Verbindungen des Maschinenbaus werden nicht gestrichen. Mit und ohne Anstrich wird die Reibungszahl naturgemäß verschieden groß. Es muß deshalb der Anteil der Kraft, welcher durch die Reibung übertragen wird und der nicht über die Lochleibungen zu leiten ist, bei Verbindungen ohne Anstrich größer sein. Der Lochleibungsdruck wird dementsprechend bei Verbindungen mit Zwischenanstrich größer. Die folgenden Versuchsergebnisse zeigen diesen Einfluß.

Die Versuche erstreckten sich vornehmlich auf Verbindungen nach Abb. 34 mit Flacheisen aus St 52 ($\sigma_s = 44$ kg/mm², $\sigma_B = 60{,}5$ kg/mm², $\delta = 25\%$, $\psi = 57\%$) und Nieten aus St 44. Bei Belastung dieser Verbindungen war $\sigma : \sigma_l : \tau = 1 : 1{,}56 : 0{,}72$. Die Dauerzugfestigkeit fand sich bei einer ruhenden Grundlast von 7 kg/mm²

ohne Anstrich (Berührungsflächen mit Benzin entfettet) . zu 24 kg/mm²,
mit Anstrich (aus magerer Bleimennige) . . . . „ 17,5 „ ,

damit die ertragene Schwingungsweite S

ohne Anstrich . . . . zu 17 kg/mm²,
mit Anstrich . . . . „ 10,5 „ .

Mit Anstrich ist die Widerstandsfähigkeit gegen oftmals wiederholte Zugbelastungen erheblich kleiner ausgefallen als ohne Anstrich. Hieraus erhellt sehr scharf die Bedeutung der Reibung in der Nietverbindung.

Weitere Versuche mit Verbindungen nach Abb. 34, hergestellt aus St 52 anderer Herkunft ($\sigma_s = 38{,}8$ kg/mm², $\sigma_B = 54{,}8$ kg/mm², $\delta = 27\%$, $\psi = 60\%$) mit Nieten aus St 44 lieferten die Dauerzugfestigkeit bei einer ruhenden Grundlast von 2 kg/mm²

ohne Anstrich (Berührungsflächen mit Benzin entfettet) . zu 18 kg/mm²
(Schwingungsweite $S = 16$ kg/mm²),
mit Anstrich aus magerer Bleimennige . . . . zu 13 kg/mm²
(Schwingungsweite $S = 11$ kg/mm²).

Auch hier blieb die Widerstandsfähigkeit gegen oftmals wiederholte Belastungen bei Verbindungen mit Zwischenanstrich weit kleiner als wenn dieser Anstrich fehlte.

Die Versuchsergebnisse führen zu der Auffassung, daß die zulässigen Anstrengungen für Nietverbindungen mit Zwischenanstrich kleiner sein sollten als wenn dieser Anstrich fehlt, sofern es sich um die Tragfähigkeit bei oftmals wiederkehrenden Lasten handelt[1].

Im weiteren Verfolg der hier zu behandelnden Aufgabe sind auf Veranlassung von Herrn Reichsbahnoberrat Dr.-Ing. Schaechterle Verbindungen geprüft worden, die an den Berührungsflächen mit dem Sandstrahlgebläse entzundert, ferner solche, die mit Zementmilch, mit Schmirgel versetzt, gestrichen waren. Verwendet wurden dreireihige Verbindungen aus St 52 mit Nieten aus St 34; für $\sigma : \sigma_l : \tau$ galten die Verhältniszahlen $1 : 1{,}3 : 0{,}5$. In beiden Fällen ist die Dauerzugfestigkeit etwas größer ausgefallen ($D_{zu} = 20$ und 21 kg/mm²) als bei Verbindungen, die an den Berührungsflächen lediglich entfettet waren ($D_{zu} = 19$ kg/mm²).

Die Frage, ob bei Stahlbauten der Zwischenanstrich der Nietverbindungen ganz oder teilweise fortgelassen werden kann, läßt sich auf Grund der Beobachtungen über die Dauerfestigkeit der Nietverbindungen nicht allein beantworten, weil der Anstrich wegen des Rostschutzes ausgeführt wird. Man wird auch beachten müssen, daß es sich bei den bisher besprochenen Versuchen stets um Verbindungen aus St 52 handelte und daß der Einfluß des Anstrichs bei Verbindungen aus St 52 größere Bedeutung hat als bei solchen aus St 37. Um diese Auffassung zu begründen, hat der Berichterstatter Verbindungen nach Abb. 34 aus St 37 ($\sigma_s = 29{,}8$ kg/mm² $\sigma_B = 41$ kg/mm², $\delta_{10} = 26\%$ und $\psi = 65\%$) mit Niete aus St 34 ohne und mit Anstrich untersucht. Dabei fand sich die Dauerzugfestigkeit bei einer ruhenden Grundlast von $\sigma_u = 2$ kg/mm²

[1] Bei unseren Versuchen ist der Innenanstrich in der Regel fortgelassen worden; Ausnahmen sind jeweils besonders beschrieben.

ohne Anstrich (Berührungsflächen mit Benzin entfettet) zu 19 kg/mm²,
(also Schwingungsweite $S = 17$ kg/mm²);
mit Anstrich (einmal mit magerer Bleimennige gestrichen) zu 17 kg/mm²
(Schwingungsweite $S = 15$ kg/mm²).

Hier, also mit St 37 und Niete aus St 34, war der Einfluß des Anstrichs auf die Dauerzugfestigkeit nicht bedeutend und viel kleiner als bei den Verbindungen aus St 52 (mit Nieten aus St 44).

Die Nietverbindungen, über deren Prüfung im vorstehenden berichtet wurde, sind vor der Prüfung wenige Tage oder wenige Wochen im Versuchsraum gelagert worden. Um festzustellen, ob die Witterung die Beschaffenheit der Anstriche so beeinflußt, daß die Dauerzugfestigkeit geändert wird, sind die Versuche mit Nietverbindungen nach Abb. 34 (Bleche aus St 52, Niete aus St 44, Berührungsflächen einmal mit magerer Bleimennige gestrichen) durchgeführt worden. Es fand sich folgendes (s. obenstehende Zusammenstellung).

Behandlung der Proben	Dauerzugversuche (n = rd. 350 Lastwechsel/min)		
	σ_u kg/mm²	σ_o * kg/mm²	Zahl der Lastwechsel bis zum Bruch
a) Zwei Verbindungen, nach der Herstellung bis zur Prüfung rd. einen Monat im Versuchsraum gelagert	2,0 2,0	15,0 13,0	696 400 1 209 700
b) Zwei Verbindungen, nach der Herstellung rd. 13 Monate im Versuchsraum gelagert, dann Außenflächen gemäß Ro St der deutschen Reichsbahngesellschaft gestrichen, hierauf rd. 14 Monate auf dem Flachdach der Materialprüfungsanstalt an ungeschützter Stelle gelagert	2,0 2,0	15,0 13,0	700 000 1 021 300

Die hier gewählte Lagerung im Freien hat also die Dauerzugfestigkeit der Nietverbindungen nicht beeinflußt.

VI. Versuche mit ein-, zwei-, drei- und vierreihigen Nietverbindungen aus St 37 zur Ermittlung des Einflusses der Größe von $\sigma:\tau$, durchgeführt in den Jahren 1930 bis 1933.

Zur Beurteilung des Einflusses der Größe von $\sigma : \tau$ liegen Beobachtungen aus zwei Versuchsgruppen vor. Die erste Gruppe, im folgenden unter A behandelt, ist auf Veranlassung des Ausschusses für Versuche im Stahlbau nach einem Vorschlag des Herrn Reichsbahnoberrats Dr.-Ing. Schaechterle entstanden[1]. Die zweite Gruppe betrifft Versuche, die der Berichter veranlaßt hat und die schon veröffentlicht sind[2]; die Ergebnisse dieser Versuche sind unter B kurz besprochen, damit sie zur Zusammenfassung unter C in gleicher Anordnung zur Verfügung stehen, wie die unter A behandelten.

A. Versuche mit ein-, zwei-, drei- und vierreihigen Nietverbindungen nach Zusammenstellung 2.

1. Bauart der Nietverbindungen.

Die Bauart der Nietverbindungen ist in Spalte 2 der Zusammenstellung 2 angegeben; die vier Versuchsreihen unterscheiden sich lediglich durch die Zahl der Nietreihen; die Stärke der Bleche, Laschen und Niete ist durchweg die gleiche. Die Spalte 10 zeigt die Beziehungen zwischen σ, σ_l und τ; die Verhältniszahlen betragen bei den einreihigen Verbindungen 1 : 2,67 : 2,28, bei den vierreihigen Nietverbindungen 1 : 0,68 : 0,58. Die Verhältniszahlen für $\sigma : \sigma_l : \tau$ liegen z. T. über den zulässigen, z. T. unter denselben.

* $\sigma : \sigma_l : \tau = 1 : 1{,}6 : 0{,}7$.
[1] Vgl. Schaechterle: Bautechn. 1932, S. 293.
[2] Vgl. Bauing. 1932, S. 389 ff.

2. Festigkeitseigenschaften der Bleche und der Niete.

Die Bleche wurden aus dem Handel bezogen. Die Niete sind vom Brückenbüro der Reichsbahndirektion Stuttgart zur Verfügung gestellt worden. Über die Festigkeitseigenschaften der Werkstoffe geben die Spalten 5—9 der Zusammenstellung 2 Auskunft; es handelt sich hiernach um Bleche aus St 37; die Härte der Niete lag innerhalb der für St 34 üblichen Grenzen.

3. Herstellung der Nietverbindungen.

Die Herstellung der Nietverbindungen geschah in der Materialprüfungsanstalt der Technischen Hochschule Stuttgart. Beim Bohren wurde für jedes Loch ein frisch geschliffener Bohrer benutzt; zum Kühlen wurde Seifenwasser verwendet. An den Lochrändern der Bleche und der Laschen wurde der Grat mit einem Spitzsenker üblicher Ausführung (90° Spitzenwinkel) entfernt. Die Berührungsflächen der Bleche und Laschen blieben ohne Anstrich. Zum Nieten wurden die Preßluftwerkzeuge der Materialprüfungsanstalt benutzt. Dabei wurde nach den Erkenntnissen verfahren, die durch die im vorhergehenden Abschnitt besprochenen Versuche gewonnen waren.

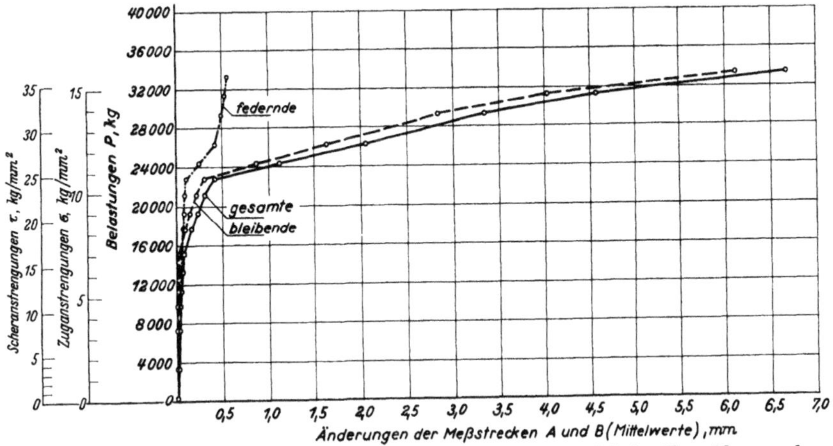

Abb. 35. Formänderungen der Nietverbindung D 1 sa (*g*, *1*) beim Zerreißversuch. Meßstrecken $A = B = 190$ mm. Höchstlast $P_{max} = 34\,050$ kg.

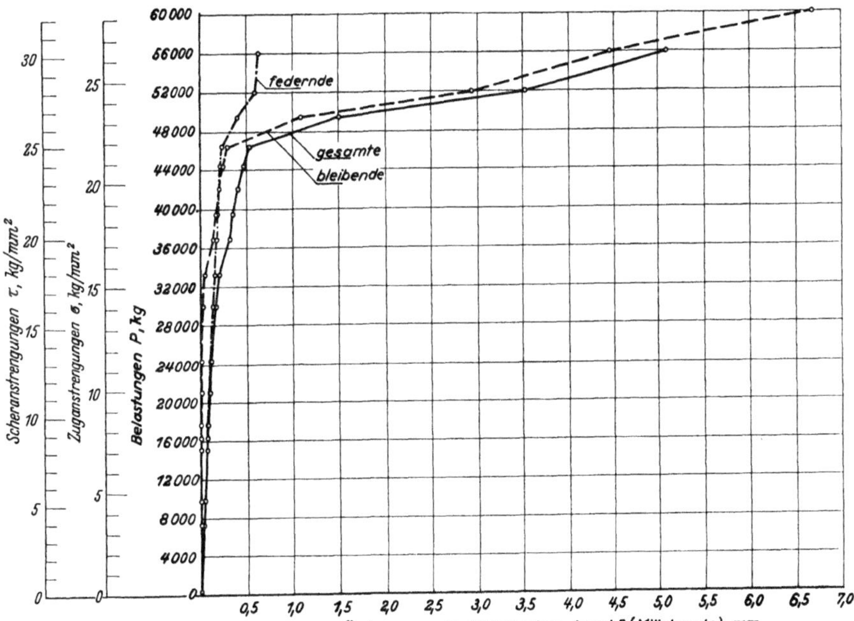

Abb. 36. Formänderungen der Nietverbindung D 2 sa (*g*, *2*) beim Zerreißversuch. Meßstrecken $A = B = 310$ mm. Höchstlast $P_{max} = 68\,000$ kg.

4. Prüfung der Nietverbindungen.

Die Versuche wurden im wesentlichen wie die im Kap. I besprochenen ausgeführt, vgl. unter Kap. I, 4, S. 6; es wurden also „Zerreißversuche“ und „Dauerzugversuche“ angestellt.

5. Versuchsergebnisse.

a) Zerreißversuche mit den Nietverbindungen der Zusammenstellung 2.

α) Aus den Ergebnissen der Messungen. In den Abb. 35—37 sind zu den Belastungen die Längenänderungen der Meßstrecken *A* und *B*, Abb. 2, von je einer ein-, zwei- und dreireihigen Verbindung dargestellt.

Zusammen-

1	2	3	4	5	6	7	8	9	10	11	12	13	14
Reihe	Bauart der Nietverbindungen	Baustoffe		Festigkeitseigenschaften der Bleche 130 × 23 mm [1] (Mittelwerte)				Kugeldruckhärte der Niete Hn^6 kg/mm²	Verhältnis der Anstrengungen der Nietverbindungen	Gewöhnliche Zugver-			
		der Bleche und Laschen	der Niete	σ_{so}	Kz	δ	ψ			τ bei $P_{0,01bl}$ [2]	Anstrengungen unter P_b [3]		
											$\sigma\left(\frac{\sigma}{\sigma_{so}}\right)$	σ_l	τ
				kg/mm²		%	%		$\sigma : \sigma_l : \tau$	kg/mm²			
D 1 sa (S)	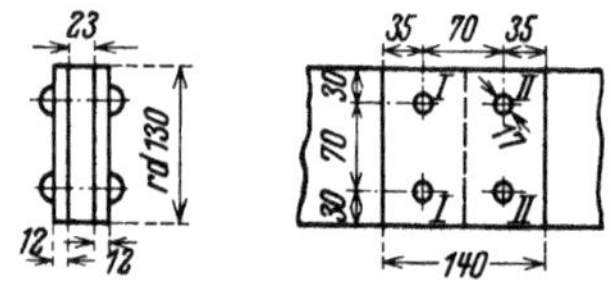	St 37	St 34	25,1	37,8	31	63	143	1: 2,67: 2,28 Mittel	12,2 16,2 14,2	10,7 11,4 11,0 (0,44)	28,7 30,7 29,7	24,6 26,3 25,4
D 2 sa (S)	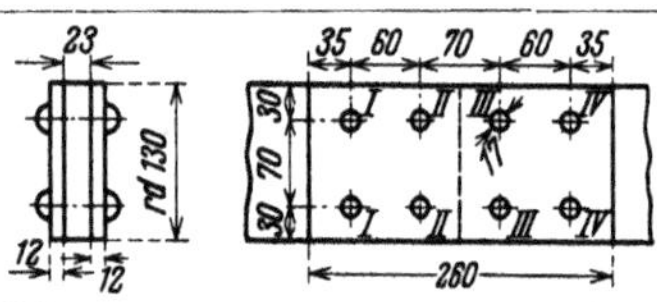	St 37	St 34	24,6	36,6	33	64	143	1: 1,35: 1,14 Mittel	11,3 13,1 12,2	19,8 21,8 20,8 (0,85)	26,9 29,7 28,3	22,7 25,0 23,8
D 3 sa (S)	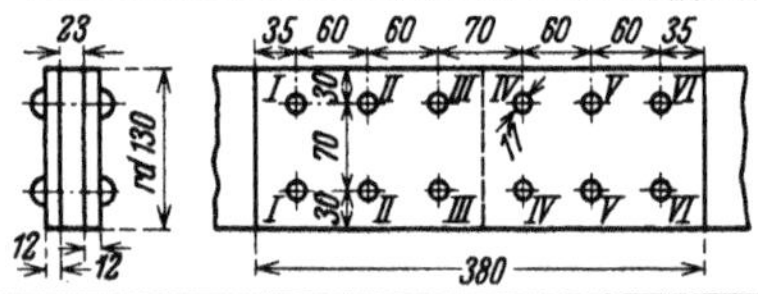	St 37	St 34	24,6	36,6	33	64	143	1: 0,91: 0,77 Mittel	6,4 7,6 7,0	23,0 23,2 23,1 (0,94)	20,9 21,2 21,0	17,9 17,9 17,9
D 4 sa (S)	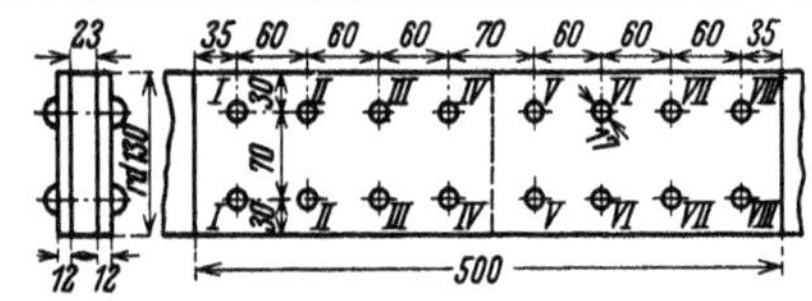	St 37	St 34	24,6	36,6	33	64	143	1: 0,68: 0,58	—	—	—	—

[1] Zugversuche nach DIN 1605, lange Proportionalstäbe mit Walzhaut, f_0 rd. 250 mm².
[2] Belastung, bei der die bleibenden Verlängerungen der Meßstrecken A oder B größer als 0,01 mm wurden.
[3] Belastung, nach deren Überschreiten die bleibenden Verlängerungen der Meßstrecken A und B rasch zunahmen.

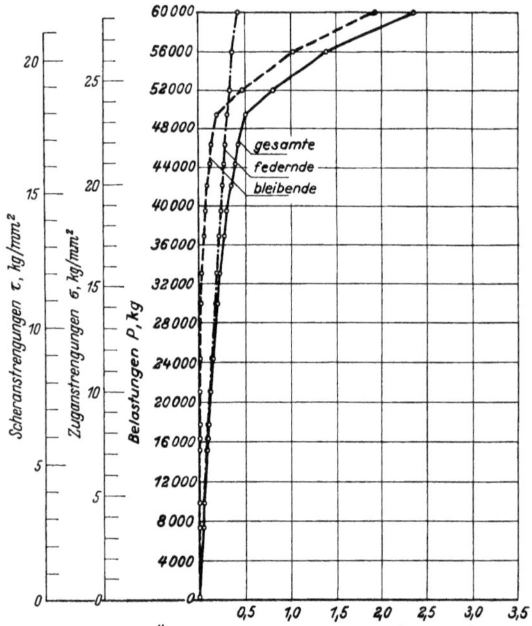

Abb. 37. Formänderungen der Nietverbindung D3sa (g, 2) beim Zerreißversuch. Meßstrecken $A = B =$ 430 mm. Höchstlast $P_{max} = 87900$ kg.

Zu beachten sind hier vor allem die Belastungen, nach denen die Formänderungen rasch zunahmen, also

in Abb. 35 $P = 22800$ kg,
in Abb. 36 $P = 46400$ kg,
in Abb. 37 $P = 49500$ kg.

Wenn man diese Belastungen auch für die anderen Versuche der Zusammenstellung 2 sucht und dann die zugehörigen Anstrengungen berechnet, so finden sich die in den Spalten 12—14 der Zusammenstellung 2 angegebenen Werte σ, σ_l und τ. Bei den Reihen D 1sa und D 2sa war gemäß Spalte 14 der Widerstand der Niete maßgebend, d.h. die Werte τ sind hier Grenzwerte; sie betragen

	bei D 1 sa (einreihig)	D 2 sa (zweireihig)
	$\tau = 25{,}4$	23,8 kg/mm²

Bei der Reihe D 3sa ist die Zugfestigkeit des Blechs für die Höchstlast entscheidend gewesen; τ blieb hier unter P_b kleiner als bei den Reihen D1sa und D 2sa; σ stieg auf 23,1 kg/mm² und

stellung 2.

15	16	17	18	19	20	21	22	23	24	25	26	27	28
suche (Zerreißversuche)				Zugversuche bei oftmals wiederholter Belastung; $\sigma_u = 0{,}15$ kg/mm²; $n = 1$ bis 2 Lastwechsel/min									
Anstrengungen unter P_{max}			Bemerkungen über den Bruch	τ bei $P_{0,01\,bl}$[2]	Anstrengungen unter P_e[4]			Zahl der Last-wechsel unter P_e	Anstrengungen unter P_{max}			Zahl der Last-wechsel unter P_{max}	Bemerkungen über den Bruch
$\sigma \left(\frac{\sigma}{K_z}\right)$	σ_l	τ			σ	σ_l	τ		σ	σ_l	τ		
kg/mm²				kg/mm²					kg/mm²				
15,9	42,8	36,7	Abscheren eines Nietes	16,0	9,9	26,5	22,4	6 000	11,5	30,6	25,9	15 281	Zerstörung von Nieten
18,3[5]	49,3[5]	42,1[5]	Abscheren von 2 Nieten	10,4	10,0	26,2	22,4	6 000	11,6	30,3	25,9	15 281	Nicht gebrochen
17,1 (0,45)	46,0	39,4		13,2	9,9	26,3	22,4	6 000	11,5	30,4	25,9	15 281	
31,9	43,5	36,6	Nicht gebrochen	8,1	19,4	26,2	22,7	9 971	21,4	28,9	25,0	22 228	Nicht gebrochen
32,0	43,5	36,6	Abscheren von Nieten	11,2	20,1	26,8	22,4	9 971	22,2	29,5	24,7	22 228	Zerstörung von Nieten
31,9 (0,87)	43,5	36,6		9,6	19,7	26,5	22,5	9 971	21,8	29,2	24,8	22 228	
40,9	37,1	31,8	Nicht gebrochen	6,4	25,4	22,6	19,6	10 840	26,8	23,9	20,6	13 861	Bruch des Blechs im Querschnitt I—I
41,3	37,7	31,8	Bruch des Blechs im Querschnitt VI—VI	7,7	25,4	23,5	20,0	10 840	26,8	24,8	21,1	13 861	Nicht gebrochen
41,1 (1,12)	37,4	31,8		7,0	25,4	23,0	19,8	10 840	26,8	24,3	20,8	13 861	
—	—	—	—	5,7	26,5	18,1	15,6	25 639	26,5	18,1	15,6	25 639	Nicht gebrochen, aber Risse an den Nietlochrändern der Bleche in den Querschnitten I-I u. VIII-VIII
				4,8	27,1	18,4	15,5	23 281	27,1	18,4	15,5	23 281	
				5,2	26,8	18,2	15,5	24 460	26,8	18,2	15,5	24 460	

[4] Unter dieser Last betrug die Zunahme der bleibenden Verlängerungen von A und B während der letzten 3000 Lastwechsel höchstens 0,005 mm.
[5] Die Verbindung war bei Prüfung der zuerst gebrochenen Vernietung bis $\sigma = 15{,}9$, bzw. $\sigma_l = 42{,}8$ bzw. $\tau = 36{,}7$ kg/mm² belastet.
[6] Nach DIN 1605 II; Einlieferungszustand.

Abb. 38. Nietverbindung der Reihe D 2 sa nach Spalte 2 der Zusammenstellung 2. Zustand nach dem Zerreißversuch.

erreichte damit 94% der Streckgrenze des Blechs; im Gebiet der Nietlöcher war dabei in den Proben D 3sa die Fließgrenze des Stahls überschritten[1].

Nach diesen Feststellungen ist anzunehmen, daß das starke Anwachsen der Formänderungen in Abb. 35 und 36 (Reihen D 1sa und D 2sa) von Verformungen der Niete herrührt, in Abb. 37 (Reihe D 3sa) von Längenänderungen des Blechs wegen des Überschreitens der Fließgrenze bei den Nietlöchern.

Weiteres vgl. unter C, S. 34.

β) Anstrengungen unter den Höchstlasten P_{max}. Über die Anstrengungen unter P_{max} geben die Spalten 15—17 der Zusammenstellung 2 Auskunft. Man findet, daß die Zugspannung σ bei den Höchstlasten der Reihe D 1sa weit unter der Zugfestigkeit des Stahls blieb ($\sigma : K_z = 0{,}45$), auch bei der Reihe D 2sa noch erheblich kleiner war ($\sigma : K_z = 0{,}87$). Erst bei D 3sa ist die Zugfestigkeit des Blechs ganz ausgenützt worden; das Verhältnis $\sigma : K_z$ erreichte hier den Wert 1,12 und rückte damit in die Grenzen der Ergebnisse der in Zusammenstellung 1 aufgeführten dreireihigen Verbindungen.

Bei den Reihen D 1sa und D 2sa erfolgte die Zerstörung, wie schon

[1] Unter etwas höherer Last ($P = 52\,000$ kg; $\sigma = 24{,}3$ kg/mm²) waren an den der Beobachtung zugänglichen Schmalseiten der Bleche Streckfiguren sichtbar.

erwähnt, durch den Bruch der Niete; deshalb sind hier die Werte τ als maßgebend anzusehen; sie betragen $\tau = 39{,}4$ bzw. $36{,}6\,\mathrm{kg/mm^2}$.

γ) **Bruchbilder.** Die Art der Zerstörung ist schon unter α und β kurz besprochen worden; die Spalte 18 der Zusammenstellung 2 enthält die zugehörigen Angaben. Weiteren Aufschluß

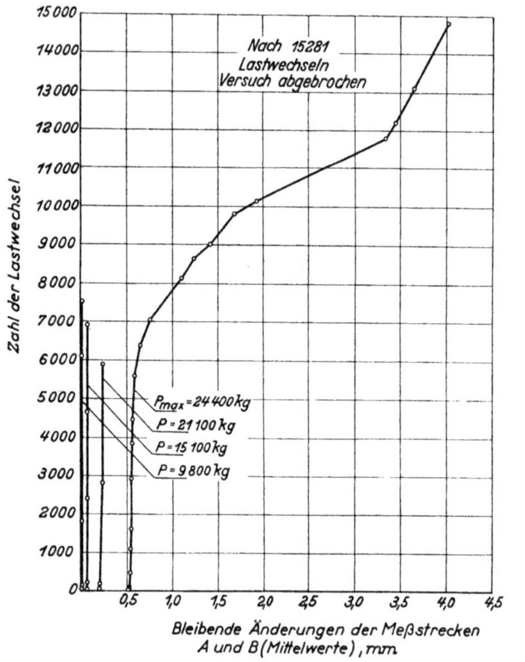

Abb. 39. Bleibende Änderungen der Strecken A und B, Abb. 2, bei der Nietverbindung D 1 sa (dz, *2*) unter oftmaliger Wiederholung der Zugbelastungen.

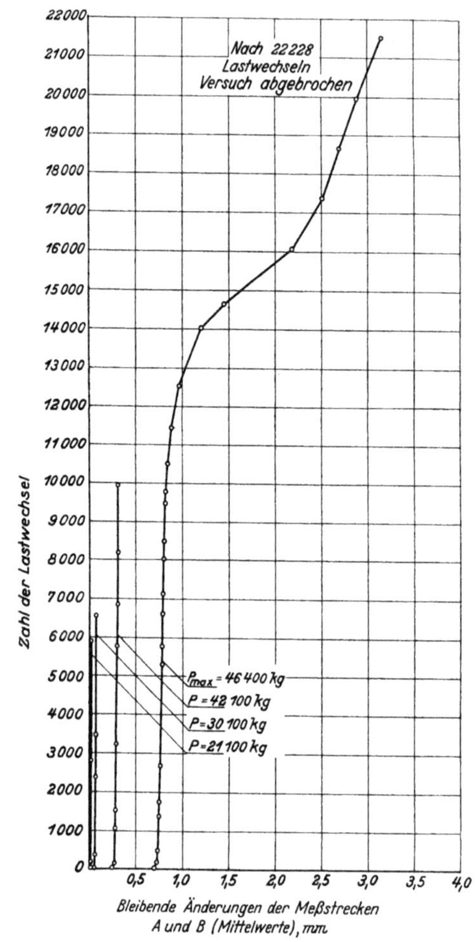

Abb. 40. Bleibende Änderungen der Strecken A und B, Abb. 2, bei der Nietverbindung D 2 sa (dz, *1*) unter oftmaliger Wiederholung der Zugbelastungen (vgl. auch Zusammenstellung 2).

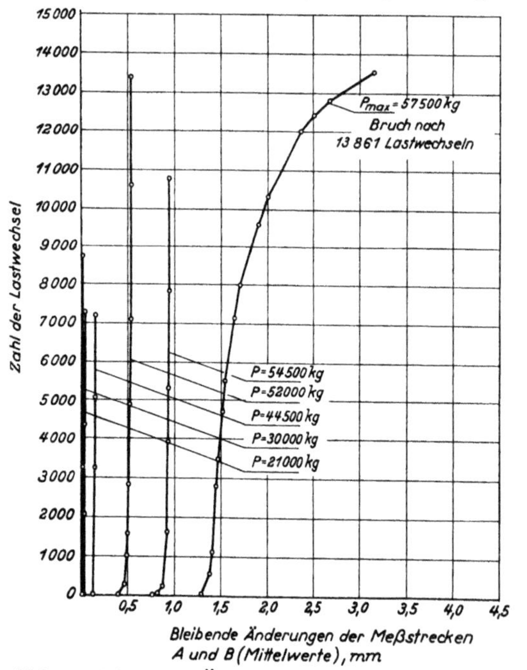

Abb. 41. Bleibende Änderungen der Strecken A und B, Abb. 2, bei der Nietverbindung D 3 sa (dz, *1*) unter oftmaliger Wiederholung der Zugbelastungen (vgl. auch Zusammenstellung 2).

bringt die Verfolgung der Erscheinungen, die dem Bruch vorausgingen.

Bei den Verbindungen der Reihe D 1 sa ist unter $P = 26\,300\,\mathrm{kg}$ (vgl. dazu Abb. 35) auf den Schließköpfen von 2 bzw. 3 Nieten Zunder abgesprungen, damit anzeigend, daß dort die Fließgrenze überschritten wurde. Bei weiterer Steigerung der Last haben sich die Laschenenden deutlich von den Blechen abgehoben. Das Zunderabspringen an den Nietköpfen und das Abheben der Laschenenden waren Folgen starker Verformung der Niete. Der Bruch erfolgte durch Abscheren der Niete.

Bei den Verbindungen der Reihe D 2 sa wurde unter $P = 49\,500\,\mathrm{kg}$ (vgl. dazu Abb. 36) deutliches Abheben der Laschenenden beobachtet; an den Schließ- und Setzköpfen der Niete ist Zunder abgesprungen. Dann erschienen Streckfiguren an den Schmalseiten der Bleche im Gebiet der ersten Nietreihen. Abb. 38 zeigt die Verbindung D 2sa (g2) nach dem Versuch; in den beiden unteren Nietreihen sind die Niete abgeschert worden.

Bei den Verbindungen der Reihe D 3sa sind unter $P = 52000$ kg (vgl. dazu Abb. 37) Streckfiguren auf den Schmalseiten der Bleche neben den ersten Nietreihen beobachtet worden. Unter $P = 76000$ kg begann deutliches Zunderabspringen auf den Breitseiten der Laschen. Die Zerstörung erfolgte durch Zerreißen der Bleche im Querschnitt VI—VI (vgl. Spalte 2 der Zusammenstellung 2).

b) Zugversuche bei oftmals wiederholter Belastung mit den Nietverbindungen der Zusammenstellung 2.

α) Formänderungen. In den Abb. 39—41 sind die bleibenden Änderungen der Meßstrecken *A* und *B*, Abb. 2, für je eine Verbindung der Reihen D 1sa, D2sa und D 3sa wiedergegeben. Aus diesen Darstellungen ergibt sich zunächst, daß die bleibenden Formänderungen, die vor der Höchstlast eintraten, größere Maße erreichten, wenn die Zahl der Niete erhöht wurde. Durch die Vermehrung der Niete ist eben erreicht worden, daß die Zerstörung nicht mehr in den Nieten erfolgte, sondern im Blech; damit wurde auch das Blech höher beansprucht, womit die Längenänderungen und Verschiebungen vor der Höchstlast vergrößert wurden.

Der Verlauf der Linienzüge, welche das Anwachsen der Formänderungen unter der Höchstlast angeben, ist in Abb. 39—41 ähnlich ausgefallen; er ist auch im wesentlichen übereinstimmend mit dem, was früher besprochen worden ist.

β) Bruchbilder. Über die Zerstörung der Nietverbindungen ist in Spalte 28 der Zusammenstellung 2 kurz berichtet. Hiernach haben die Nietverbindungen der Reihen D 1sa und D 2sa durch den Bruch der Niete ihre Tragfähigkeit verloren. Die Abb. 42 und 43 zeigen sehr anschaulich, wie sich dieser Bruch vollzogen hat. Es handelt sich um Biegebrüche in der Mitte der Nietlänge und an den Nietköpfen. Gleichzeitig sind die Bleche bei den Druckflächen der Niete stark verquetscht worden.

Die Verbindungen der Reihen D 3sa und D4sa brachen in den Blechen, von den Nietlöchern ausgehend; es war also der Zugwiderstand der Bleche maßgebend. Das Bruchbild war wie in Abb. 25.

Abb. 42. Nietverbindung der Reihe D1sa nach Spalte 2 der Zusammenstellung 2. Zustand nach 15 281 Lastwechseln zwischen $\sigma_u = 0{,}15$ kg/mm² und $\sigma = 11{,}6$ kg/mm² ($\sigma_l = 30{,}3$ kg/mm², $\tau = 25{,}9$ kg/mm²).

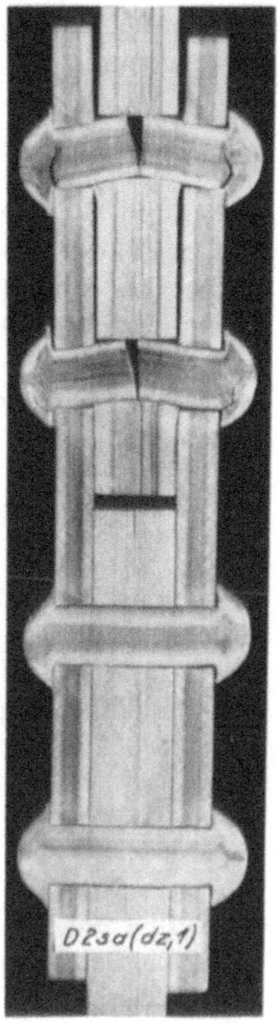

Abb. 43. Nietverbindung der Reihe D2sa nach Spalte 2 der Zusammenstellung 2. Zustand nach 22 228 Lastwechseln zwischen $\sigma_u = 0{,}15$ kg/mm² und $\sigma = 21{,}4$ kg/mm² ($\sigma_l = 28{,}9$ kg/mm², $\tau = 25{,}0$ kg/mm²).

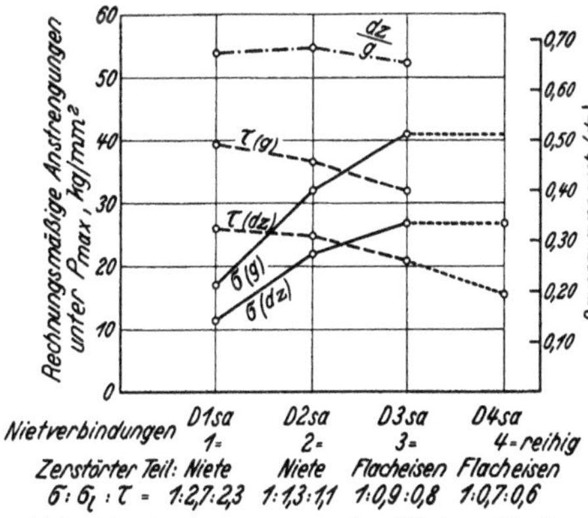

Abb. 44. Anstrengungen der Nietverbindungen der Zusammenstellung 2 unter den Höchstlasten; mit Zeichen (*g*) für die gewöhnlichen Zugversuche, mit Zeichen (*dz*) für die Dauerversuche (oftmalige Wiederholung der Zugbelastung).

γ) Dauerzugfestigkeit. Über die Anstrengungen unter den Höchstlasten geben die Spalten 24 bis 26 der Zusammenstellung 2 Auskunft. Die Anstrengung σ findet sich in dem unteren ausgezogenen Linienzug der Abb. 44. In der gleichen Abbildung sind die Anstrengungen τ eingetragen. Bei den Reihen D 1sa und D 2sa waren gemäß Abb. 42 und 43 die Anstrengungen der Niete maßgebend; es fand sich bei der

Reihe D 1 sa im Mittel $\tau = 25{,}9\ \text{kg/mm}^2$,
Reihe D 2 sa im Mittel $\tau = 24{,}8\ \text{kg/mm}^2$.

Die Werte τ sind bei diesen zwei Versuchsreihen nur wenig verschieden. Bei den Reihen D 3sa und D 4sa waren die Anstrengungen σ entscheidend (Bruch im Blech); sie betrugen in beiden Fällen im Mittel $\sigma = 26{,}8\ \text{kg/mm}^2$.

In Abb. 44 sind außer den Ergebnissen der Dauerzugversuche (mit d_z bezeichnet) auch die Zahlenwerte eingetragen, welche von den gewöhnlichen Zugversuchen stammen (mit g bezeichnet). Hieraus ergibt sich das Verhältnis der Tragfähigkeit bei oftmals wiederholter Zugbelastung zu derjenigen beim gewöhnlichen Zugversuch gemäß dem oberen Linienzug der Abb. 44.

c) Allgemeine Bemerkung zu den Ergebnissen der Versuche mit den Nietverbindungen der Zusammenstellung 2.

Bei den zuletzt besprochenen Versuchen ist erstmals festgestellt worden, daß bei oft wiederholter Zugbelastung einer Nietverbindung, deren schwächster Teil die Niete sind, der Bruch der Niete durch Biegebeanspruchungen erfolgt. Die dabei beobachteten Bruchbilder decken sich mit Beobachtungen an ausgeführten Bauwerken.

B. Versuche mit einreihigen Nietverbindungen nach Abb. 45[1].

1. Bauart der Nietverbindungen.

Auf Grund der Feststellungen im Kap. VI unter A, 5b und 5c, wonach bei oftmals wiederholter Zugbelastung einer Nietverbindung die Widerstandsfähigkeit der Niete von ihrem Biegewiderstand abhängt, wurden weitere Nietverbindungen hergestellt, die sich lediglich durch die Blechdicke und damit durch die Nietlänge unterscheiden. Bei diesen Nietverbindungen tritt mit Zunahme der Blechdicke die Zuganstrengung des Blechs zurück, während die Querkräfte, bezogen auf die Einheit des Nietquerschnitts, bei gleicher äußerer Belastung gleich bleiben.

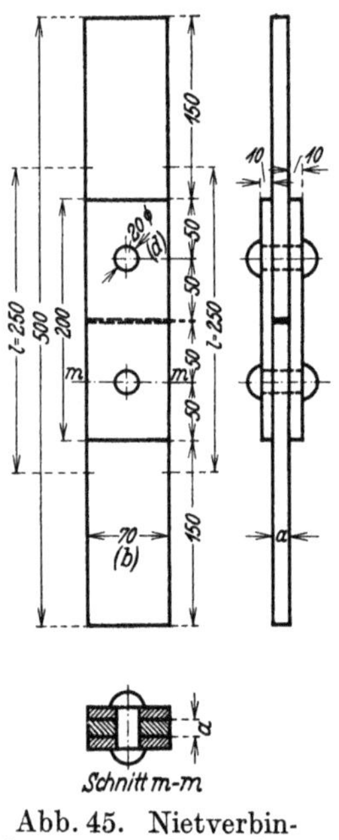

Abb. 45. Nietverbindungen zur Ermittlung des Einflusses der Nietbelastung.

Die Abmessungen der Nietverbindungen sind in Abb. 45 wiedergegeben; es waren hiernach einfache Nietverbindungen. Die Bleche bestanden aus St 37, die Niete aus St 34. Die Versuche umfassen drei Gruppen (im folgenden mit 1, 2 und 3 bezeichnet), die sich durch die Blechstärke a unterscheiden; a beträgt 12, 14 und 16 mm. Die Verhältniszahl $\sigma : \tau$ ändert sich dabei von $1 : 0{,}93$ auf $1 : 1{,}08$ und $1 : 1{,}24$.

2. Festigkeitseigenschaften der Bleche und Niete.

Das Erforderliche ist in Zusammenstellung 4 S. 38 eingetragen.

3. Herstellung der Nietverbindungen.

Die Herstellung geschah in der Materialprüfungsanstalt der Technischen Hochschule Stuttgart. Dabei wurde in gleicher Weise verfahren, wie unter VI A, Ziff. 3, S. 27, angegeben ist.

4. Prüfung der Nietverbindungen.

Es wurden sowohl Zerreißversuche, als auch Dauerzugversuche ausgeführt. Bei den Dauerzugversuchen wurde minutlich mit 350 Lastwechseln gearbeitet; im übrigen sei auf Zusammenstellung 4, Spalten 17—26 verwiesen.

[1] Ein ausführlicher Bericht ist in der Z. Bauing. 1932, S. 389 ff. veröffentlicht.

5. Versuchsergebnisse.

a) Zerreißversuche mit den Nietverbindungen nach Abb. 45.

α) Formänderungen. Die Abb. 46 und 47 enthalten die bei stufenweiser Steigerung der Last gemessenen bleibenden und federnden Längenänderungen der Strecken l, Abb. 45; Abb. 46 gilt für die Nietverbindungen mit der Blechstärke $a = 12$ mm, Abb. 47 für die Nietverbindungen mit der Blechstärke $a = 16$ mm. Zu beachten ist hier vor allem der Verlauf der Linienzüge der bleibenden Verlängerungen. Diese begannen mit der Überschreitung des Gleitwiderstands. Unter Lasten, die mit $\tau =$ rd. 20 kg/mm² verbunden sind, zeigen die Linienzüge eine scharf ausgeprägte Brechung, also ein erheblich rascheres Wachsen der bleibenden Formänderungen. Für die Lasten, bei denen dieses Ablenken der Linienzüge der bleibenden Formänderungen beginnt, fand sich folgendes:

Blechstärke $a =$	12	14	16 mm,
$\tau =$	20	20	19 kg/mm²,
$\sigma =$	22	19	15 „ ,
$\sigma_l =$	53	46	37 „ ,

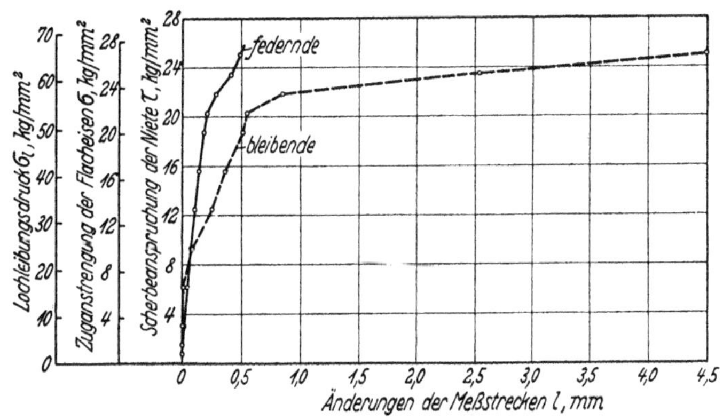

Abb. 46. Bleibende und federnde Verlängerungen der Strecken l einer Nietverbindung nach Abb. 45 bei $a = 12$ mm (Gruppe I).

Diese Zahlenreihen und sonstige Wahrnehmungen geben an, daß die bezeichnete scharfe Ablenkung der Linienzüge der bleibenden Formänderungen vornehmlich ein starkes Nachgeben (Verbiegen der Niete) anzeigte.

β) Anstrengungen unter den Höchstlasten P_{max}. Über die Anstrengung der Nietverbindungen unter der Höchstlast geben die Spalten 13—15 der Zusammenstellung 4 Auskunft. In allen Fällen war der Scherwiderstand der Niete maßgebend. τ fand sich zu 32,8—34,0 kg/mm², also nur wenig verschieden für die drei Versuchsgruppen.

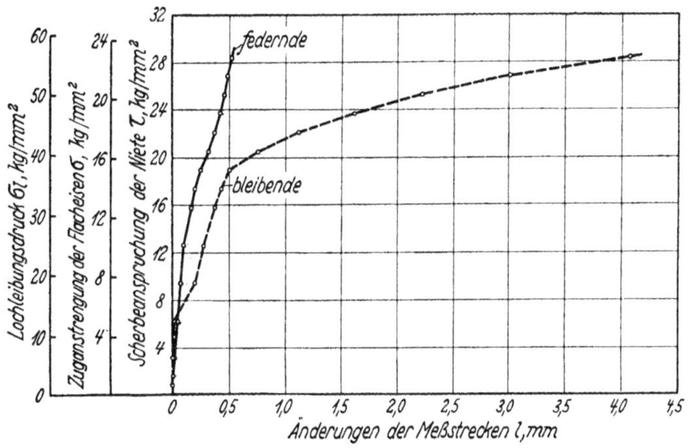

Abb. 47. Bleibende und federnde Verlängerungen der Strecken l einer Nietverbindung nach Abb. 45 bei $a = 16$ mm (Gruppe III).

b) Zugversuche bei oftmals wiederholter Belastung mit den Nietverbindungen nach Abb. 45.

α) Erscheinungen bei der Zerstörung der Nietverbindungen. Bei oftmals wiederholter Zugbelastung sind die Nietverbindungen, welche wenig über der Dauerzugfestigkeit belastet wurden, stets im Flacheisen gebrochen; dabei ist der Bruch in bekannter Weise vom Lochrand ausgegangen; es brachen also nicht die Niete, sondern die Bleche. Wenn die Nietverbindungen der Reihe 3 bedeutend über der Dauerzugfestigkeit unter Schwellbelastung mit $\sigma_u = 0{,}5$ kg/mm² (Ursprungsbelastung) gesetzt worden sind, brachen die Niete.

β) Dauerzugfestigkeit ohne und mit gleichzeitig wirkender Grundlast. Nach Zusammenstellung 4, Spalten 17—19, waren unter den Belastungen, die bei 2 Millionen Lastwechseln als Ursprungsbelastung noch nicht zum Bruche führten, folgende Anstrengungen vorhanden:

bei Gruppe	1	2	3
Blechstärke $a =$	12	14	16 mm,
$\sigma =$	21	16	14,5 kg/mm²,
$\sigma_l =$	51,2	38,9	35,4 „ ,
$\tau =$	19,4	17,1	18,0 „ .

Hiernach blieb bei den drei Nietverbindungen der Wert τ nahezu gleich, während σ und σ_l mit zunehmender Blechdicke abnahmen. Hiernach und nach den sonstigen Feststellungen muß man annehmen, daß für die Widerstandsfähigkeit der Nietverbindungen nach Abb. 45 der Widerstand der Niete maßgebend war. Dabei betrug die Anstrengung τ, welche nicht mehr zum Bruch führte, 17,1—19,4kg/mm².

Nach dem zu Abb. 46 und 47 Gesagten sind bei den Belastungen, mit denen $\tau =$ rd. 20kg/mm² erreicht worden war, erhebliche Verbiegungen der Niete eingetreten. Damit wird die Verteilung der Lochwandpressung wesentlich geändert und der Zugwiderstand des Blechs beeinflußt. Man kann wohl annehmen, daß bei den oftmals wiederholten Belastungen die Verformungen der Niete unter etwas kleinerer Last einsetzten. Nach deutlichen Verformungen der Niete sind die Bleche vom Lochrand ausgehend zerstört worden. Wenn also die Niete überanstrengt wurden, traten im Blech beim Lochrand so große Verschiebungen der Spannungsverteilung ein, daß die Widerstandsfähigkeit des Blechs maßgebend wurde. Im vorliegenden Fall ist bei Steigerung der Blechstärke von $a = 12$ auf $a = 16$mm die Widerstandsfähigkeit gegen äußere Belastung im wesentlichen erhalten geblieben; dabei sank aber die Höchstbeanspruchung σ im Blech.

Aus dem Vorliegenden ergibt sich, daß $\sigma : \tau$ nicht kleiner sein sollte als bei den Versuchen der Gruppe 1, d.h., die Verhältniszahl $\sigma : \tau$ sollte nicht kleiner sein als etwa 1 : 0,9.

Wenn zu den oftmals wiederkehrenden Lasten eine fortdauernd ruhende hinzutrat, so erfolgte die Zerstörung wiederum im Blech vom Lochrand aus; die für die Höchstlast berechnete Anstrengung τ ging mit Zunahme der Blechstärke a nicht zurück, wohl aber das zugehörige σ (vgl. Zusammenstellung 4, Spalte 22—25). Auch hier erscheint deshalb der Widerstand der Niete maßgebend.

C. Zusammenfassung der Ergebnisse der Versuche unter VI (Einfluß der Größe von $\sigma:\tau$ bei Nietverbindungen aus St 37).

Beim gewöhnlichen Zerreißversuch war der Scherwiderstand der Niete maßgebend, wenn $\sigma : \tau = 1 : 0{,}93$ oder kleiner war. τ erreichte dabei Werte von 36,6—39,4kg/mm² (Zusammenstellung 2, Spalte 17; Brinellhärte des Nietwerkstoffs $H_n = 143$kg/mm²), bzw. 32,8 bis 34,0kg/mm² (Zusammenstellung 4, Spalte 15; Brinellhärte des Nietwerkstoffs $H_n = 128$kg/mm²).

Bei oftmals wiederkehrenden Zugbelastungen war bei den Reihen D 1sa und D 2sa der Biegewiderstand der Niete maßgebend (vgl. Zusammenstellung 2, Spalte 28, sowie Abb. 42 und 43; $\sigma : \tau = 1 : 2{,}28$ bzw. $1 : 1{,}14$). Bei den Versuchen unter B erwies sich der Zugwiderstand der Bleche in erheblichem Maße von der Beanspruchung der Niete abhängig, derart, daß zu empfehlen ist, $\sigma : \tau$ nicht kleiner als 1 : 0,9 zu wählen.

Dies erscheint besonders begründet durch die Ergebnisse der Versuche in Spalte 22—26 der Zusammenstellung 4, wonach bei Beanspruchungen der Niete über $\tau =$ rd. 20kg/mm² die Schwingungsweite, welche im Blech ertragen wurde, ohne zum Bruch zu führen, erheblich zurückgegangen ist.

Weiteres vgl. unter Kap. VIII.

VII. Versuche mit zweireihigen Nietverbindungen aus St 52 zur Ermittlung des Einflusses der Größe von $\sigma:\tau$, durchgeführt in den Jahren 1933 und 1934.

Diese Versuche gehören zu den im Kap. IX besprochenen. Dort sind die Einzelheiten mitgeteilt, weshalb hier nur eine kurze Erläuterung in bezug auf den Einfluß der Größe $\sigma : \tau$ gebracht wird. Es ist untersucht worden, ob die Widerstandsfähigkeit gegen oftmals wiederholte Zugbelastung geändert wird, wenn $\sigma : \tau$ von 1 : 0,8 auf 1 : 0,6 steigt. Es fand sich kein Unterschied der Dauerzugfestigkeit, wenn die Belastung nur als oftmals wiederkehrende wirkte ($D_{zu} = 15{,}5$kg/mm², $\sigma_u = 0{,}5$kg/mm²); dagegen blieb die Dauerzugfestigkeit etwas kleiner mit $\sigma : \tau = 1 : 0{,}8$, wenn zwei Drittel der Last zu einer ruhenden Grundlast gehörten und damit hohe Anstrengungen der Niete hervorgerufen wurden.

VIII. Versuche mit ein-, zwei-, drei- und vierreihigen Nietverbindungen aus St 37 zur Ermittlung des Einflusses der Größe von $\sigma : \sigma_l$, durchgeführt in den Jahren 1930 und 1931.

Die folgenden Versuche sind auf Veranlassung des Ausschusses für Versuche im Stahlbau nach einem Arbeitsplan des Reichsbahnoberrats Dr.-Ing. Schaechterle entstanden[1]. Dabei wurde von den Feststellungen ausgegangen, die bei früheren Versuchen des Berichters gewonnen wurden und die in der Schrift: Dauerfestigkeit von Stählen mit Walzhaut, ohne und mit Bohrung, von Niet- und Schweißverbindungen[2] wiedergegeben sind.

1. Bauart der Nietverbindungen.

Die Abmessungen der Nietverbindungen sind in Spalte 2 der Zusammenstellung 3 angegeben. Es handelt sich um vier Versuchsreihen, die sich nur durch die Zahl der Nietreihen unterscheiden. In Spalte 10 der Zusammenstellung 3 sind die Verhältniszahlen für $\sigma : \sigma_l : \tau$ angegeben; sie betragen

bei den einreihigen Verbindungen 1 : 4,83 : 1,84,
bei den vierreihigen Verbindungen 1 : 1,23 : 0,47.

Hiernach ist sowohl σ_l als auch τ gegenüber σ veränderlich. Die Versuche lassen deshalb den Einfluß der Größe von $\sigma : \sigma_l$ nicht unter gleichbleibenden Bedingungen erkennen. Dieser Umstand gab später Anlaß, die Versuche unter Kap. IX auszuführen.

2. Festigkeitseigenschaften der Bleche und Niete.

Die Bleche sind von der Burbacher Hütte in Saarbrücken geliefert worden. Die Niete wurden aus dem Handel bezogen. Über die Festigkeitseigenschaften der Werkstoffe geben die Spalten 5—9 der Zusammenstellung 3 Auskunft; es handelt sich hiernach um Bleche aus St 37; die Härte der Niete lag innerhalb der für St 34 bekannten Grenzen.

3. Herstellung der Nietverbindungen.

Die Nietverbindungen wurden in der Materialprüfungsanstalt der Technischen Hochschule Stuttgart hergestellt. Dabei wurde so verfahren, wie unter VI, A, 3 beschrieben ist.

4. Prüfung der Nietverbindungen.

Die Versuchseinrichtung war dieselbe wie bei den Versuchen unter VI. Bei den Dauerzugversuchen betrug die untere Belastungsgrenze $P_u = 800$ kg; die obere Lastgrenze entsprach zunächst der zulässigen Belastung, dann dem 1,25-, 1,5-, 1,75- und 2fachen dieser zulässigen Belastung. Die obere Lastgrenze wurde erhöht, wenn während 10000 Lastwechseln die bleibenden Änderungen der Meßstrecken A und B (Abb. 2) um weniger als 0,001 mm zunahmen; jedoch wurden mindestens 100000 Lastwechsel ausgeführt. Von $P_0 = 1{,}5\,P_{zul}$ an wurden, soweit ein Bruch nicht erfolgte, mindestens 400000 Lastwechsel auf jeder Stufe angewandt.

5. Versuchsergebnisse.

a) Zerreißversuche mit den Nietverbindungen der Zusammenstellung 3.

α) Anstrengungen unter P_b.

Die Anstrengungen unter der Last P_b, nach deren Überschreiten die Verlängerungen erheblich zunahmen, sind in den Spalten 11—13 angegeben. Bei den Reihen D 1 1a und D 2 1a war die Beanspruchung τ maßgebend; sie betrug 20,7—22,0 kg/mm².

[1] Vgl. Schaechterle: Bautechn. 1932, S. 293.
[2] S. 29, Abb. 59 u. 60. Berlin: VDI-Verlag 1931.

Zusammen-

1	2	3	4	5	6	7	8	9	10	11	12	13
Reihe	Bauart der Nietverbindungen	Baustoffe: der Bleche und Laschen	Baustoffe: der Niete	Festigkeitseigenschaften der Bleche 200×10 mm [1] (Mittelwerte): σ_{s0} kg/mm²	Kz kg/mm²	δ %	ψ %	Kugeldruckhärte der Niete Hn [5] kg/mm²	Verhältnis der Anstrengungen der Nietverbindungen $\sigma:\sigma_l:\tau$	Gewöhnliche Zug- Anstrengungen unter P_b [2]: $\sigma\left(\frac{\sigma}{\sigma_{s0}}\right)$ [3] kg/mm²	σ_l [3] kg/mm²	τ kg/mm²
D 1 la (S)	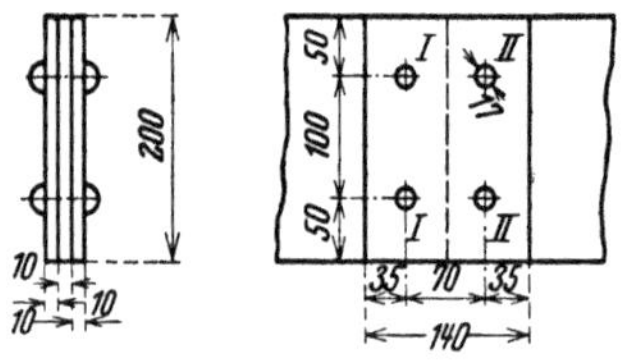	St 37	St 34	30,2	41,6	28,3	65	124	1: 4,83: 1,84	12,0 12,0 12,0 (0,40)	57,6 57,3 57,4	22,0 21,7 21,8
D 2 la (S)	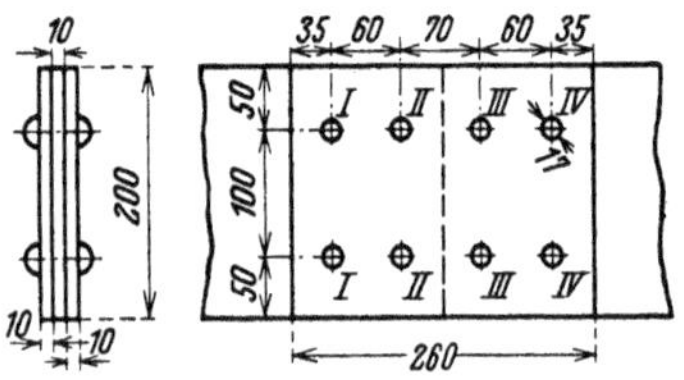	St 37	St 34	30,2	41,6	28,3	65	124	1: 2,42: 0,92	22,5 [22,7] [22,8] 22,7 22,6 (0,75)	54,3 [54,8] 54,4 54,3	20,9 20,7 20,8
D 3 la (S)	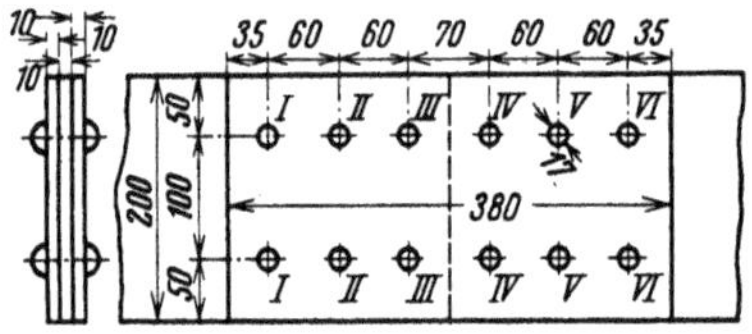	St 37	St 34	30,2	41,6	28,3	65	124	1: 1,62: 0,62	28,4 [28,7] 28,7 28,5 (0,94)	45,7 [46,2] 46,2 45,9	17,6 17,6 17,6
D 4 la (S)	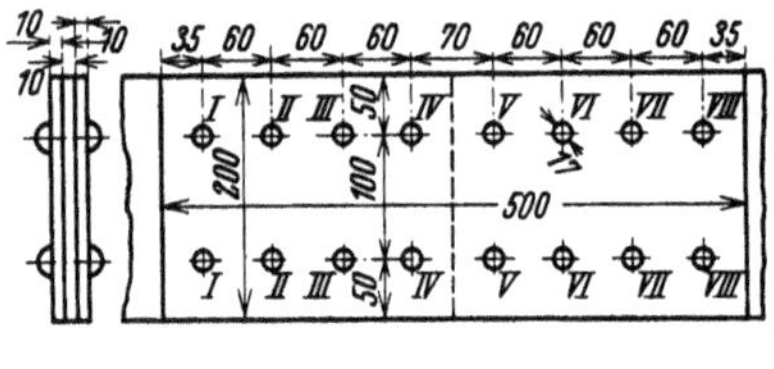	St 37	St 34	30,2	41,6	28,3	65	124	1: 1,23: 0,47	—	—	—

[1] Zugversuche nach DIN 1605, lange Proportionalstäbe mit Walzhaut, fo rd. 250 mm².
[2] Belastung, nach deren Überschreiten die bleibenden Verlängerungen der Meßstrecken A und B rasch zunahmen.
[3] Belastung, unter der 400 000 Lastwechsel ertragen wurden.

Diese Werte τ liegen nahe denen, die unter VIB, 5 für Nietverbindungen unter verwandten Bedingungen festgestellt worden sind.

Bei der Reihe D 3la wurde unter P_b für σ das 0,94fache der Streckgrenze σ_{s0} erreicht.

β) Anstrengungen unter P_{max}.

Die Einzelheiten finden sich in den Spalten 14—16 der Zusammenstellung 3.

Bei den Reihen D 1la und D 2la war der Scherwiderstand der Niete maßgebend. τ ergab sich dabei zu 32,6—37,2 kg/mm². Diese Werte liegen in den Grenzen, die sich unter VI eingestellt haben (vgl. unter VIA, 5a, β, S. 29 und 30, sowie unter VIB, 5a, β, S. 33). σ blieb bei den beiden Reihen erheblich unter der Zugfestigkeit der Bleche. σ_l betrug bis 97,3 kg/mm².

Die Nietverbindungen der Reihe D 3la brachen unter Überschreitung der Zugfestigkeit

stellung 3.

14	15	16	17	18	19	20	21	22	23	24	25	26
versuche (Zerreißversuche)				Zugversuche bei oftmals wiederholter Belastung, $\sigma_u = 0{,}5$ kg/mm², $n = 27$ bzw. 16 Lastwechsel/min								
Anstrengungen unter P_{max}			Bemerkungen über den Bruch	Anstrengungen unter P_{OD} [5]			Zahl der Lastwechsel unter P_{OD}	Anstrengungen unter P_{max}			Zahl der Lastwechsel unter P_{max}	Bemerkungen über den Bruch
$\sigma \left(\frac{\sigma}{Kz}\right)$ [5]	σ_l [5]	τ [5]		σ [5]	σ_l [5]	τ		σ [5]	σ_l [5]	τ [5]		
kg/mm²				kg/mm²				kg/mm²				
18,6	89,3	34,1	Nicht gebrochen	10,0	49,0	18,7	400 230	11,4	55,9	21,4	67 000	Bruch des Blechs im Querschnitt I—I
	88,8	33,7	Abscheren der Niete							21,1		
18,6	[89,3]	[34,1]	im Querschnitt II—II	10,2	49,3	18,5	400 230	11,7	56,2	[21,4]	15 450	
18,6 (0,45)	89,0	33,9		10,1	49,1	18,6	400 230	11,5	56,0	21,2	41 220	
(0,96) 40,0 [40,4]	96,4											
	[97,3]	37,2	Abscheren d. Niete	16,9	41,5	15,9	399 970	19,9	49,0	18,7	268 600	Bruch des Blechs im
(0,86)			der Querschnitte					[20,0]				Querschnitt IV—IV
35,9	86,0	32,6	I und II	17,2	41,9	15,9	399 970	20,3	49,5	18,7	191 450	Bruch des Blechs im
37,9 (0,91)	91,2	34,9		17,0	41,7	15,9	399 970	20,1	49,2	18,7	230 020	Querschnitt I—I
(1,14)												
47,6	76,5	29,5	Bruch des Blechs im	17,4	28,7	10,9	149 470[4]	20,9	34,4	13,1	297 960	Bruch des Blechs im
[48,1]	[77,3]		Querschnitt I—I	[17,5]				[21,0]				Querschnitt I—I
(1,23)				17,4	28,4			20,9	34,1			
51,4	82,6	31,5	Bruch des Blechs im	[17,6]	[28,7]	10,9	149 470[4]	[21,1]	[34,4]	13,1	296 100	Bruch des Blechs im
49,5 (1,19)	79,5	30,5	Querschnitt VI—VI	17,4	28,5	10,9	149 470	20,9	34,2	13,1	297 030	Querschnitt VI—VI
—	—	—	—	20,9	25,8	9,8	402 260	22,8	28,2	10,8	8 550	Bruch des Blechs im Querschnitt I—I
				21,0	25,8	9,8	402 260	22,9	28,2	10,8	82 090	
				[21,1]				[23,0]				
				20,9	25,8	9,8	402 260	22,8	28,2	10,8	45 320	

[4] 400 000 Lastwechsel wären wahrscheinlich ertragen worden.
[5] Die Werte in eckigen Klammern bedeuten die Anstrengung der nicht gebrochenen Hälfte der Nietverbindung.
[6] Nach DIN 1605 II; Einlieferungszustand.

der Bleche. Dabei stieg σ bis zum 1,23fachen der Normenzugfestigkeit der Bleche (vgl. auch Zusammenstellung 1, Spalte 15).

b) Zugversuche bei oftmals wiederkehrenden Belastungen mit den Nietverbindungen der Zusammenstellung 3.

α) Bruchbilder.

Abweichend von dem Verhalten der Nietverbindungen beim Zerreißversuch sind beim Dauerversuch alle Nietverbindungen in den Blechen gebrochen, jeweils von den Nietlöchern ausgehend, vgl. Zusammenstellung 3, Spalte 26. Diese Feststellung steht im Einklang mit den Ergebnissen unter VI B, 5 b.

Zusammen-

1	2	3	4	5	6	7	8	9	10	11	12	13	14	15
Gruppe	Reihe	Art der Probekörper	Baustoffe der		Festigkeitseigenschaften der Flacheisen[1] (Mittelwerte)				Kugeldruckhärte der Niete Hn[2] kg/mm²	Verhältnis der Anstrengungen der Nietverbindungen[3] $\sigma:\sigma_l:\tau$	Gewöhnliche Zug-			
											Streckgrenze σ_s	Rechnungsmäßige Anstrengungen unter der Höchstlast		
			Flacheisen	Niete	σ_{so}	Kz	δ	ψ				σ	σ_l	τ
					kg/mm²		%	%			kg/mm²			
III (*S*) Vgl. Graf: Bauing. 1932, H. 29/30, S. 389 ff.	*c* 4722 1	Gelochter Stab, $a = 12$ mm, $b = 70$ mm, $d = 20$ mm ∅	St 37	St 34	25,7	38,6	27	66	128	—	—	—	—	—
		Einreih. Nietverbindung, $a = 12$ mm, $b = 70$ mm, $d = 20$ mm ∅	St 37	St 34	25,7	38,6	27	66	128	1: 2,46: 0,93	—	35,4	86,8	32,8
	c 4722 2	Gelochter Stab, $a = 14$ mm, $b = 70$ mm, $d = 20$ mm ∅	St 37	St 34	27,4	38,6	29	66	128	—	—	—	—	—
		Einreih. Nietverbindung, $a = 14$ mm, $b = 70$ mm, $d = 20$ mm ∅	St 37	St 34	27,4	38,6	29	66	128	1: 2,44: 1,08	—	31,8	77,3	33,9
	c 4722 3	Gelochter Stab, $a = 16$ mm, $b = 70$ mm, $d = 20$ mm ∅	St 37	St 34	26,7	39,7	33	69	128	—	—	—	—	—
		Einreih. Nietverbindung, $a = 16$ mm, $b = 70$ mm, $d = 20$ mm ∅	St 37	St 34	26,7	39,7	33	69	128	1: 2,45: 1,24	—	27,7	67,9	34,0

[1] Normenprüfung nach DIN 1605 I, lange Proportionalstäbe (Flachstäbe mit Walzhaut), f_0 = rd. 250 mm².
[2] Nach DIN 1605 II, Einlieferungszustand.

β) Dauerzugfestigkeit.

Über die Anstrengungen unter den Höchstlasten geben die Spalten 22—24 der Zusammenstellung 3 Auskunft.

Bei der Reihe D 11a war nach dem, was die vorausgegangenen Versuche lehrten, zu erwarten, daß durch Verbiegen der Niete im Blech ein Spannungszustand entsteht, der bei oftmaliger Wiederholung der Belastung zum Bruch führt. In der Tat wurden für τ Werte erreicht, nach deren Überschreiten beim gewöhnlichen Zugversuch erhebliche bleibende Formänderungen aufgetreten sind. Vgl. auch Kap. VIII, 5a, α, S. 35. Ähnlich liegen die Verhältnisse bei der Reihe D 21a; dort ist unter der Höchstlast des Dauerversuchs $\tau = 18{,}7\,\text{kg/mm}^2$ ermittelt worden; τ ist also etwas kleiner geworden als bei D 11a, was z. T. aus dem Umstand zu erklären ist, daß es sich bei D 21a um zweireihige, bei D 11a um einreihige Verbindungen handelt. Die Anstrengung σ ist bei der Reihe D 21a nur wenig kleiner ausgefallen als bei den folgenden Reihen D 31a und D 41a. Die Zahlen zu den Reihen D 21a bis D 41a zeigen schließlich, daß bei Änderung des Verhältnisses $\sigma:\sigma_l:\tau$ von 1 : 2,42 : 0,92 auf 1 : 1,23 : 0,47 der Wert σ von 20,1 auf 22,8 kg/mm² gestiegen ist.

Im übrigen sei zunächst auf das unter VI C, S. 34, sowie auf das unter IX Gesagte verwiesen.

IX. Versuche mit zweireihigen Nietverbindungen aus St 52, insbesondere zur Ermittlung des Einflusses der Größe $\sigma:\sigma_l$.

Die Versuche sind vom Berichterstatter veranlaßt worden, nachdem die Vereinigung von Freunden der Technischen Hochschule Stuttgart ihre Ausführung durch Bereitstellung der erforderlichen Mittel ermöglicht hatte. Die Bleche und Niete wurden von der Gutehoffnungshütte, Werk Oberhausen, kostenlos geliefert.

1. Bauart der Versuchskörper.

Über die Bauart der Nietverbindungen geben die Abb. 48 und 49 Auskunft. In der Regel wurden die Verbindungen nach Abb. 48 verwendet. Weitere Einzelheiten finden sich in Zusammenstellung 5, Spalten 1—4. Es handelt sich insgesamt um fünf Versuchsreihen.

stellung 4.

16	17	18	19	20	21	22	23	24	25	26	27
versuche (Zerreißversuche)	Zugversuche bei oftmals wiederholter Belastung										
	Ursprungszugfestigkeit D_{zu} für 2 000 000 Lastwechsel $\sigma_u = 0{,}5$ kg/mm², $n = 350$ Lastwechsel/min					Dauerzugfestigkeit $D_{z^2/_3}$ für 2 000 000 Lastwechsel $\sigma_u = {}^2/_3\,\sigma_o$, $n = 350$ Lastwechsel/min					
Bemerkungen über den Bruch	D_{zu}	σ_l unter D_{zu} kg/mm²	τ der Niete unter D_{zu}	Dauerzugversuch: Gewöhnlicher Zugversuch	Bruchursache	$D_{z^2/_3}$	σ_l unter $D_{z^2/_3}$ kg/mm²	τ der Niete unter $D_{z^2/_3}$	$D_{z^2/_3} - \sigma_u$	Dauerzugversuch: Gewöhnlicher Zugversuch	Bemerkungen über den Bruch
—	19,0	—	—	—	Bruch im Lochquerschnitt	—	—	—	—	—	—
Ein Niet abgeschert	21,0	51,2	19,4	0,59	Bruch des Flacheisens im Nietlochquerschnitt	24,1	59,1	22,3	8,1	0,68	Bruch des Flacheisens im Nietlochquerschnitt
—	17,0	—	—	—	Bruch im Lochquerschnitt	—	—	—	—	—	—
Ein Niet abgeschert	16,0	38,9	17,1	0,50	Bruch des Flacheisens im Nietlochquerschnitt	22,1	54,1	23,9	7,4	0,69	Bruch des Flacheisens im Nietlochquerschnitt
—	21,0	—	—	—	Bruch im Lochquerschnitt	—	—	—	—	—	—
Ein Niet abgeschert	14,5	35,4	18,0	0,52	Bruch des Flacheisens im Nietlochquerschnitt	20,0	49,2	25,2	6,7	0,72	Bruch des Flacheisens im Nietlochquerschnitt

[3] Mittelwerte von allen geprüften Verbindungen.

Die Abmessungen B, s und s_1 sind bei den Reihen 1—3 und bei Reihe 5 so gewählt worden, daß $\sigma : \tau = 1 : 0{,}8$ betrug, während sich $\sigma : \sigma_l$ von $1 : 1{,}5$ auf $1 : 1{,}9$, dann auf $1 : 2{,}5$ änderte. Unter Beibehaltung von $\sigma : \tau$ ist also der Lochwanddruck verhältnismäßig erhöht worden. Bei der Reihe 4 war $\sigma : \tau = 1 : 0{,}6$ und $\sigma : \sigma_l = 1 : 1{,}9$. Reihe 4 unterscheidet sich von Reihe 3 durch das Verhältnis $\sigma : \tau$ ($1 : 0{,}6$ und $1 : 0{,}8$).

2. Festigkeitseigenschaften der Bleche und Niete.

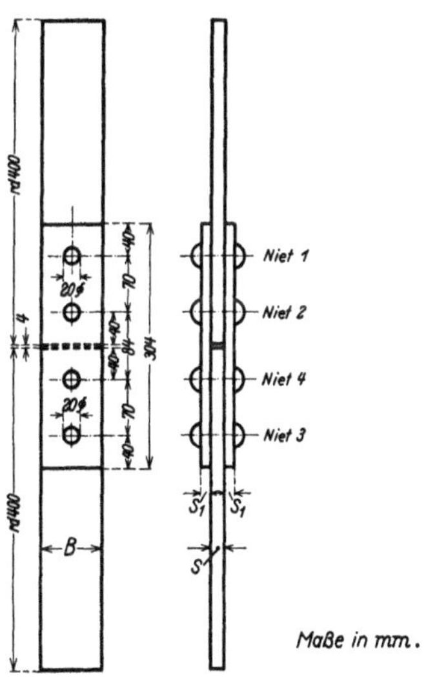

Abb. 48.

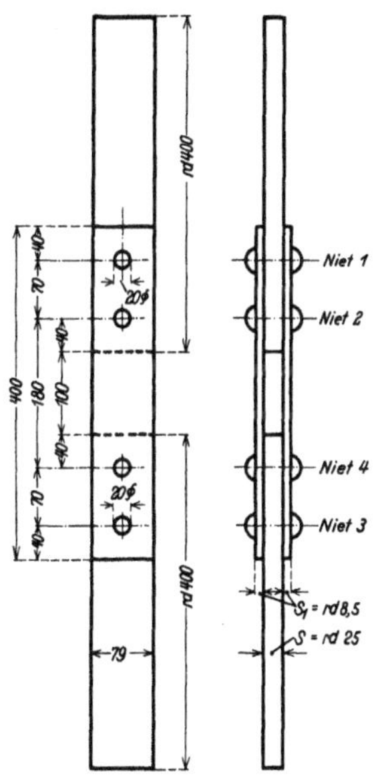

Abb. 49.

Die Ergebnisse der normengemäßen Prüfung der Bleche und der Niete sind in den Spalten 5 bis 10 der Zusammenstellung 5 wiedergegeben. Die Bleche bestanden hiernach aus St 52, die Niete aus St 44.

In den Spalten 11—16 der Zusammenstellung 5 finden sich ferner Angaben über Dauerversuche mit gebohrten Flacheisen (Querschnittsabmessungen und Bohrungen wie bei den Verbindungen nach Abb. 48 und 49). Hiernach fand sich die Dauerfestigkeit gegenüber oftmals wiederholter Zugbelastung, ausgehend von einer ruhenden Grundlast $\sigma_u = 0{,}5$ kg/mm², zu $D_z = 22$—24 kg/mm². Diese Werte liegen über dem Durchschnitt der für St 52 unter sonst gleichen Verhältnissen bisher ermittelten Festigkeiten (vgl. im Kap. II, S. 18 u. f.).

3. Herstellung der Nietverbindungen.

Die Herstellung der Körper nach Abb. 48 und 49 geschah wieder wie bei den Versuchen zu Kap. VI (vgl. VI, A, 3, S. 27).

4. Prüfung der Nietverbindungen.

Von jeder Versuchsreihe wurden drei bis fünf Verbindungen oftmals wiederholter Zugbelastung unterworfen, um die Belastung zu ermitteln, welche mindestens 2 Millionen mal ertragen wird. Gleichzeitig wirkte — wie früher — eine ruhende Grundlast von 0,5 kg/mm². Die Zahl der Lastwechsel in der Minute betrug bei den Versuchen, über die im vorliegenden Abschnitt berichtet wird, rd. 350.

5. Versuchsergebnisse[1].

a) Reihen 1, 3 und 5 der Zusammenstellung 5; Bauart nach Abb. 48.

Die Zerstörung erfolgte in bekannter Weise durch allmähliche Rißbildung von den Lochwänden eines Mittelstücks aus, vgl. Spalten 29—31 der Zusammenstellung 5.

Die Ursprungszugfestigkeit ($\sigma_u = 0,5$ kg/mm²) fand sich

bei Reihe	1	3	5
mit $\sigma : \sigma_l : \tau =$	1 : 1,5 : 0,8	1 : 1,9 : 0,8	1 : 2,5 : 0,8
zu D_{zu} =	15	15,5	13 kg/mm².

Hiernach ist die Ursprungszugfestigkeit bei Änderung des Verhältnisses der Zuganstrengung σ zum Lochwanddruck σ_l von 1 : 1,5 auf 1 : 1,9 nicht zurückgegangen, wohl aber bei Änderung dieses Verhältnisses von 1 : 1,9 auf 1 : 2,5. *Hiernach erscheint es angezeigt, in Verbindungen aus St 52 mit Nieten aus St 44 den Lochwanddruck σ_l unter dem 2,5fachen der Zuganstrengung σ zu halten.*

Bei Reihe 3 wurde weiter untersucht, wie sich die Schwingungsweite, welche 2 Millionen mal ertragen wird, ändert, wenn zu der oftmals wiederkehrenden Last noch ruhende Grundlasten hinzutreten. Es fand sich

bei σ_u =	0,5	17,0	30,5 kg/mm²,
„ D_z =	15,5	25,5	37 „ ,
also die Schwingungsweite S =	15,0	8,5	6,5 „ ,

somit ein erheblicher Rückgang der Widerstandsfähigkeit gegen oftmals wiederkehrende Lasten, wenn gleichzeitig hohe ruhende Lasten wirkten.

b) Nietverbindungen der Reihe 2 der Zusammenstellung 5; Bauart nach Abb. 49.

Die bisher geprüften Verbindungen waren mit Laschen versehen, die zusammen stärker waren als das Mittelstück, so daß von vornherein erwartet werden konnte, daß die Widerstandsfähigkeit des Mittelstücks maßgebend war. Bei der Reihe 2 der Zusammenstellung 5 ist nun gemäß Abb. 49 anders verfahren worden; hier sind die Laschen schwächer als die Mittelstücke; man kann dabei annehmen, die Mittelstücke seien die Knotenbleche, die Laschen die Stäbe eines Fachwerks. Von den Ergebnissen der Reihe 2 ist zunächst besonders zu beachten, daß die Verbindungen zwar bei Ursprungsbelastung in den Laschen, bei Belastungen, die nur zu ein Drittel oftmals wiederkehrten, zu zwei Drittel ruhend waren, aber meist in den Mittelstücken brachen. Die Abb. 50—52 zeigen diese Abhängigkeit der Bruchstelle von der Art der Belastung.

Die Dauerzugfestigkeit fand sich

bei σ_u	0,5	15 kg/mm²,
zu D_z	16,0	22,5 kg/mm²,
wobei der Bruch	in den Laschen	im Mittelstück

erfolgte;

[1] Im folgenden sind die Feststellungen von Nietverbindungen wiedergegeben, die mit dem Hammer N 80 hergestellt worden sind (vgl. Anm. 9 der Zusammenstellung 5). Weitere Verbindungen sind mit dem Hammer H 35 b genietet worden. Damit entstanden Verbindungen, welche etwas kleinere Dauerfestigkeiten lieferten, wie Zusammenstellung 5 ohne weiteres erkennen läßt. Man wird damit erinnert, daß Untersuchungen über die Wirkung verschiedener Hämmer angezeigt sind.

Additional information of this book

(Handbuch der Rohrleitungen; 978-3-7091-9744-8*;*
978-3-7091-9744-8_*OSFO)* is provided:

http://Extras.Springer.com

	in den nicht gebrochenen Mittelstücken	nicht gebrochenen Laschen
war σ_u	0,3	22,7 kg/mm²,
und σ_0	10,8	34 kg/mm².

Die Dauerzugfestigkeit der Laschen würde also bei $\sigma_u = {}^2/_3\,\sigma_0$ höher liegen als $\sigma_0 = 34\,\text{kg/mm}^2$ und dann weit größer sein als die Dauerzugfestigkeit des Mittelstücks[1].

c) Nietverbindungen der Reihe 4 der Zusammenstellung 5; Bauart nach Abb. 48.

Diese Versuche unterscheiden sich von denen der Reihe 3 durch die Änderung des Verhältnisses $\sigma : \tau$ von 1 : 0,8 auf 1 : 0,6.

Auf die Ergebnisse ist bereits im Kap. VII, S. 34, verwiesen; sie sind im mittleren Linienzug der Abb. 53 eingetragen, um sie mit denen im unteren Linienzug derselben Abbildung zu vergleichen. Dabei ergibt sich, daß durch Änderung von $\sigma : \tau = 1 : 0{,}8$ auf 1 : 0,6 die Dauerzugfestigkeit der Nietverbindungen nur dann etwas größer ausgefallen ist, wenn außer der oftmals wiederkehrenden Last noch große ruhende Lasten wirkten; der Unterschied war nicht bedeutend.

Abb. 50. Nietverbindung der Reihe 2 in Zusammenstellung 5 nach 1 601 600 Lastwechseln zwischen $\sigma = 0{,}5$ und 18,0 kg/mm² (in den Laschen).

Abb. 51. Nietverbindung der Reihe 2 in Zusammenstellung 5 nach 1 416 700 Lastwechseln zwischen $\sigma = 0{,}5$ und 17,0 kg/mm² (in den Laschen).

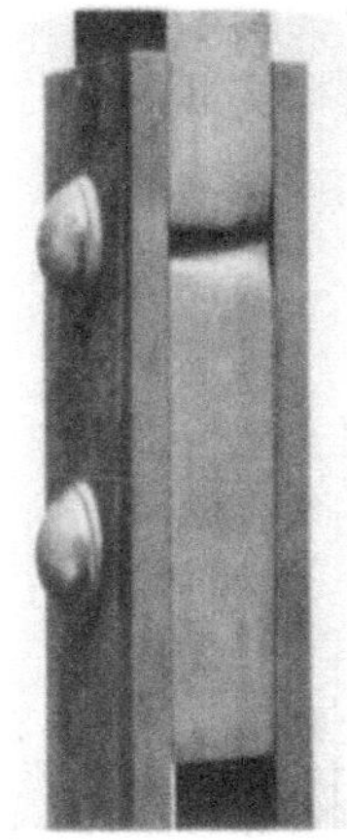

Abb. 52. Nietverbindung der Reihe 2 in Zusammenstellung 5 nach 1 537 400 Lastwechseln zwischen $\sigma = 23{,}3$ und 35,0 kg/mm² in den Laschen und $\sigma = 15{,}6$ und 23,4 kg/mm² im Mittelstück.

d) Zusammenfassung zu den Versuchen mit den Nietverbindungen nach Abb. 48 und 49.

Unter Ziff. 2 ist mitgeteilt, daß die Ursprungszugfestigkeit von gebohrten Flachstäben für die hier verwendeten Flacheisen zu $D_{zu} = 22$—$24\,\text{kg/mm}^2$ ermittelt worden ist. Die Ursprungszugfestigkeit der Nietverbindungen fand sich zu rd. 15 kg/mm², wenn $\sigma : \sigma_l : \tau = 1 : 1{,}9 : 0{,}8$ war. Bei Änderung des Verhältnisses $\sigma : \sigma_l$ von 1 : 1,9 auf 1 : 1,5 war eine deutliche Änderung der Ursprungszugfestigkeit nicht festzustellen; die Ursprungszugfestigkeit ging erheblich zurück, wenn $\sigma : \sigma_l$ zu 1 : 2,5 gewählt wurde.

Die Änderung von $\sigma : \tau$ von 1 : 0,8 auf 1 : 0,6 bei $\sigma : \sigma_l = 1 : 1{,}9$ brachte eine kleine Erhöhung der Dauerzugfestigkeit, wenn hohe ruhende Grundlasten mitwirkten.

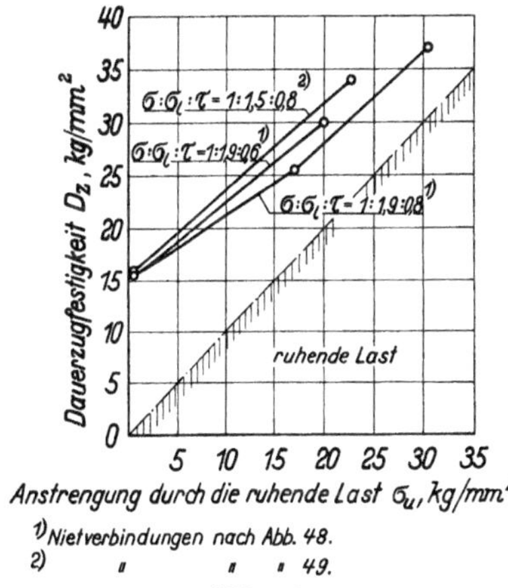

Abb. 53.

Bei den Verbindungen nach Abb. 49 ertrugen die Laschen eine erheblich größere Schwingungsweite als die Mittelstücke, wenn große ruhende Grundlasten vorhanden waren[2] [3].

Weitere Ergebnisse zugehöriger Versuche finden sich im Kap. IV.

[1] Vgl. dazu auch Z. VDI 1934, S. 1423 ff.

[2] Ob bei Ursprungsbelastung ähnliche Verhältnisse gelten, ist noch nicht untersucht.

[3] Nach Abschluß der Versuche wurden noch einige Verbindungen als Reihe 1 a nach Abb. 48 derart hergestellt, daß die Laschendicke von 13 mm auf 10 mm verringert, sonst alles wie bei Reihe 1 ausgeführt wurde. Dabei ist die Ursprungszugfestigkeit um rd. 0,5 kg/mm² kleiner ausgefallen als bei Reihe 1.

X. Versuche mit Nietverbindungen aus St 52 unter oft wiederkehrenden Wechseln zwischen Zug- und Druckbelastung.

Bei den in den Kap. I—IX beschriebenen Dauerzugversuchen mit Nietverbindungen sind diejenigen Verbindungen, die den zur Zeit geltenden Brückenbauvorschriften entsprechen, stets vom Rand einer Bohrung ausgehend zerstört worden. Maßgebend war also stets die Beanspruchung des Materials im kleinsten Querschnitt am Lochrand. Das zugehörige Lastschema ist in Abb. 54 gezeichnet.

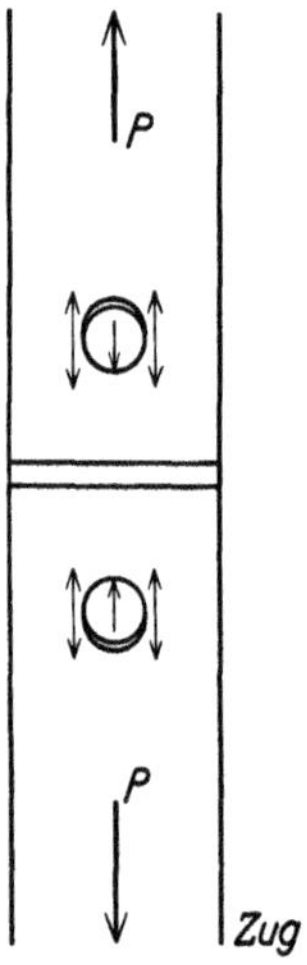

Abb. 54.

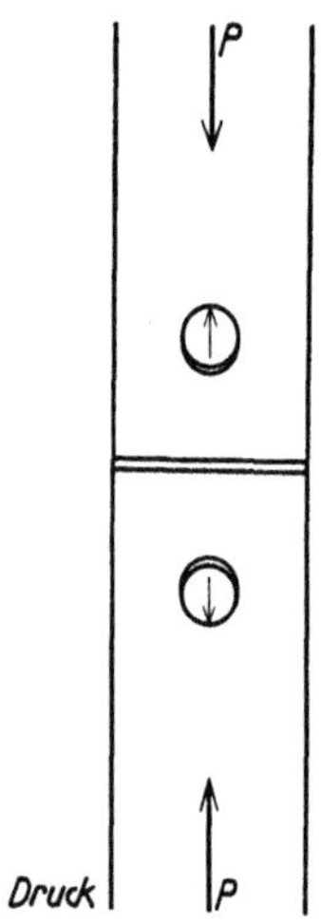

Abb. 55.

Wenn die Beanspruchung unter oftmaligem Wechsel zwischen Zug- und Druckbelastung erfolgt, so wird wohl die Zugbelastung ebenso übertragen wie bei den bisherigen Versuchen. Die Druckbelastung aber wird — wenn von der Reibung abgesehen wird — unmittelbar auf der Niete gemäß Abb. 55 abgesetzt. Es findet deshalb beim Wechsel zwischen Zug- und Druckbelastung ein Wechsel der Übertragungsflächen statt; bei Zug gilt Abb. 54, bei Druck Abb. 55. Dieser Umstand führte u. a. zu der Auffassung, daß die Schwingungsweite, welche eine Nietverbindung im Wechsel zwischen Zug- und Druckbelastung erträgt, voraussichtlich erheblich größer ist als die Schwingungsweite, welche unter wechselnder Zugbelastung ertragen wird. Da naturgemäß ein solcher Unterschied für die Wahl der zulässigen Beanspruchung unter den praktischen Belastungsverhältnissen wesentlich ist, sind im Auftrag des Ausschusses für Versuche im Stahlbau die im folgenden beschriebenen Versuche ausgeführt worden.

Zusammen-

1	2	3	4	5	6	7	8	9	10	11	12	13	14
Reihe	Bauart der Nietverbindungen	Baustoffe der: Bleche und Laschen	Niete	Normenprüfung der Bleche (Lange Proportionalstäbe nach DIN 1605 I mit f_0 = rd. 250 mm²): σ_{so} kg/mm²	σ_{su} kg/mm²	σ_B kg/mm²	δ_{10} %	ψ %	Kugeldruckhärte der Niete [10] H kg/mm²	Dauerzugversuche, σ_u = : Bezeichnung der Nietverbindungen	Rechnungsmäßige Anstrengungen an der oberen Belastungsgrenze: Zuganstrengung der Bleche σ_o kg/mm²	Lochleibungsdruck σ_{lo} kg/mm²	Scheranstrengung der Niete τ_o kg/mm²
W 2	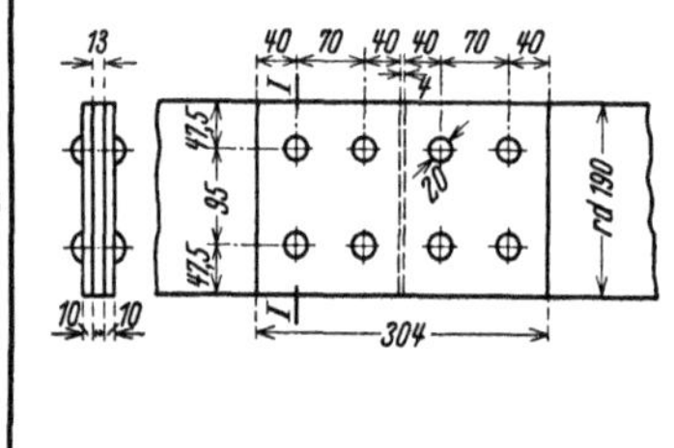	St 52	St 44	39,4 40,3 39,8	39,1 40,1 39,6	56,7 57,7 57,2	22,8 23,9 23,3	61 60 60	140	GH 52. 1—2,1 GH 52. 1—2,6	28,0 19,0	51,4 35,5	22,3 15,1
W 5	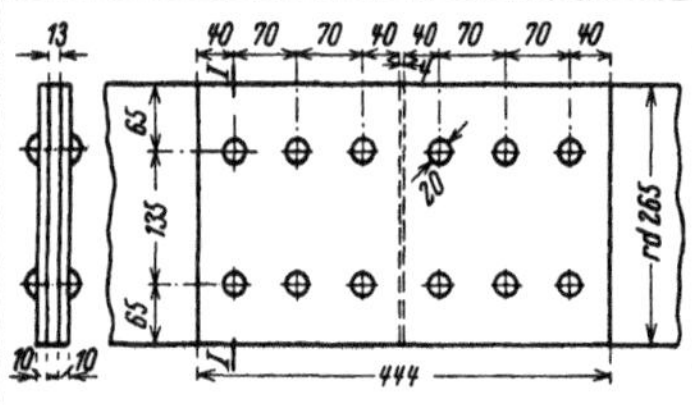	St 52	St 44	40,4 41,0 40,7	40,0 40,2 40,1	57,7 58,0 57,8	20,3 22,0 21,1	57 58 57	140	GH 52. 54—55,3	19,0	35,7	15,2

[1] Zwei Unterbrechungen von insgesamt 10 Stunden.
[3] Mehrmalige Unterbrechung von insgesamt 90 Stunden.
[5] Mehrmalige Unterbrechung von insgesamt 29½ Stunden.
[2] Mehrmalige Unterbrechung von insgesamt 29½ Stunden.
[4] Mehrmalige Unterbrechung von insgesamt 7 Stunden.
[6] Mehrmalige Unterbrechung von insgesamt 67 Stunden.

Die Bleche und Niete wurden von der Gutehoffnungshütte, Werk Oberhausen, kostenlos geliefert.

1. Bauart der Versuchskörper.

Die Abmessungen der bisher geprüften Versuchskörper sind in Spalte 2 der Zusammenstellung 6 eingetragen. Das Verhältnis $\sigma : \sigma_l : \tau$ betrug gemäß Spalte 15 und 22 derselben Zusammenstellung rd. 1 : 1,9 : 0,8. Mit diesen Verbindungen wurden Dauerzugdruckversuche und Dauerzugversuche ausgeführt, um den Unterschied der Widerstandsfähigkeit bei Zugdruckbelastung gegen Zugbelastung hinreichend zuverlässig zu erfahren.

2. Festigkeitseigenschaften der Bleche und Niete.

Die Ergebnisse der Normenzugprüfung der Bleche finden sich in den Spalten 5—9 der Zusammenstellung 6. Hiernach handelt es sich um St 52. Die Kugeldruckhärte der Niete ist in Spalte 10 der gleichen Zusammenstellung eingetragen.

Außerdem wurden noch Flachstäbe von 96 mm Breite und 13 mm Dicke mit einer Bohrung von 20 mm Durchmesser versehen und dann unter oftmals wiederkehrender Zugbelastung geprüft (vgl. im Kap. II, S. 17ff.). Die Ursprungszugfestigkeit fand sich bei $\sigma_u = 0{,}5\,\text{kg/mm}^2$ zu $D_{zu} = 22$—$23\,\text{kg/mm}^2$, also verhältnismäßig hoch.

3. Herstellung der Nietverbindungen.

Die Herstellung der Nietverbindungen geschah in der Materialprüfungsanstalt in gleicher Weise wie bei den Versuchen im Kap. VI.

Die Löcher wurden auf 16,5 mm Durchmesser vorgebohrt und mit einem Spiralbohrer üblicher Ausführung mit 20,0 mm Durchmesser aufgebohrt (Bleche und Laschen gemeinsam)[1].

[1] Der Bohrer wurde vor dem Bohren jedes Lochs geschliffen.

stellung 6.

15	16	17	18	19	20	21	22	23	24
0,5 kg/mm², n = 9—15 Lastwechsel in der Minute			Dauerzugdruckversuche, n = 8—16 Lastwechsel in der Minute						
				Rechnungsmäßige Anstrengungen					
Verhältnis $\sigma_0 : \sigma_{l0} : \tau_0$	Zahl der Lastwechsel bis zum Bruch	Bemerkungen	Bezeichnung der Nietverbindungen	Zug- und Druckanstrengung der Bleche σ kg/mm²	Lochleibungsdruck σ_l kg/mm²	Scheranstrengung der Niete τ kg/mm²	Verhältnis $\sigma : \sigma_l : \tau$	Zahl der Lastwechsel bis zum Bruch bzw. bis zum Ende des Versuchs	Bemerkungen
1: 1,84: 0,80	37 740	Bruch des Blechs 1 im Querschnitt I—I	GH 52. 1—2,7	16,0	30,0	12,8	1: 1,87: 0,80	132 011 [3]	Bruch des Blechs 2 im Querschnitt I—I
1: 1,87: 0,79	382 020 [1]	Bruch des Blechs 2 im Querschnitt I—I	GH 52. 1—2,4	15,0	28,3	12,0	1: 1,89: 0,80	220 090 [4]	Bruch des Blechs 2 im Querschnitt I—I
			GH 52. 3,6—7	14,0	26,3	11,2	1: 1,88: 0,80	483 347 [5]	Bruch des Blechs 3 im Querschnitt I—I
			GH 52. 1—2,5	12,0	22,5	9,6	1: 1,87: 0,79	522 400 [6]	Nicht gebrochen
1: 1,88: 0,80	208 945 [2]	Bruch des Blechs 54 im Querschnitt I—I	GH 52. 54. 1—2	16,0	30,1	12,9	1: 1,88: 0,81	144 570 [7]	Bruch des Blechs 54 im Querschnitt I—I
			GH 52. 55. 1—2	14,0	26,4	11,2	1: 1,89: 0,80	264 258 [8]	Bruch des Blechs 55 im Querschnitt I—I
			GH 52. 56. 2—3	13,0	24,5	10,4	1: 1,89: 0,80	294 796 [9]	Bruch des Blechs 56 im Querschnitt I—I

[7] Mehrmalige Unterbrechung von insgesamt $2^3/_4$ Stunden.
[8] Mehrmalige Unterbrechung von insgesamt 5½ Stunden.
[9] Mehrmalige Unterbrechung von insgesamt 95 Stunden.
[10] DIN 1605 II; Niete waren ausgeglüht.

Die Lochränder wurden an den Berührungsflächen leicht abgegratet, an den Außenflächen der Laschen mit 1—1,5mm Schräge versenkt (normaler Spitzsenker, 30,0 mm Durchmesser).

Die Berührungsflächen der Bleche und Laschen wurden vor dem Vernieten sorgfältig mit Benzin entfettet.

Zum Nieten wurden Preßluftwerkzeuge benützt. Hierbei betrug das Hammergewicht 13,3kg[1], das Döppergewicht 1,33kg, der Überdruck der Preßluft am Kompressor rd. 6,5at (anfänglich 7,0at, absinkend bis 6,1at). Zwischen Luftkompressor und Preßlufthammer war eine rd. 22m lange Schlauchleitung eingeschaltet.

Bei Beginn des Nietens (Beginn des Einwirkens des Niethammers auf die Niete) waren die Niete etwa hellorangeglühend, meist über die ganze Schaftlänge gleichmäßig; sofort nach dem Nieten war meistens die obere Kuppe der Schließköpfe noch dunkelrotglühend. Die Nietzeit (Dauer des Einwirkens des Niethammers auf die Niete) betrug 15 Sekunden.

4. Durchführung der Versuche.

Die Maschine, welche zu diesen Versuchen beschafft worden ist, ist in Abb. 56 schematisch dargestellt. Hiernach handelt es sich um eine hydraulische Maschine, die mit zwei Kolben und zwar mit einem Kolben für die Druckkräfte und mit einem Kolben für die Zugkräfte arbeitet. Die Steuerung ist derart eingerichtet, daß sowohl die Zugkräfte als auch die Druckkräfte beliebig in den Grenzen von 0—200t benutzt werden können. Die Maschine kann als Zugmaschine und als Druckmaschine oder als Zug-Druck-Maschine verwendet werden.

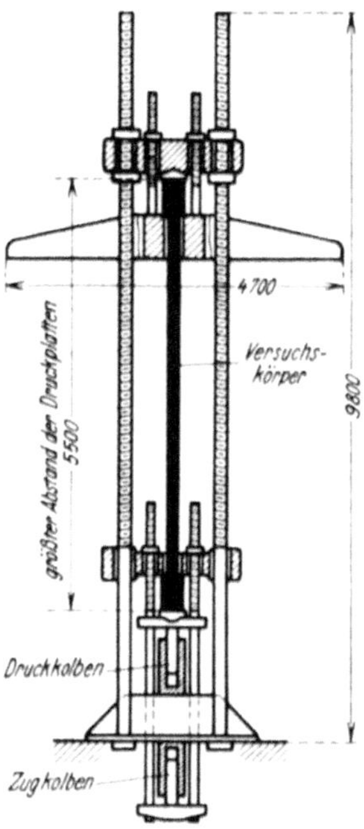

Abb. 56. Prüfmaschine für oftmals wiederholte Zug-Druck-Belastung.

Die Dauerzugversuche sind auf den früher beschriebenen Einrichtungen durchgeführt worden.

Die Zahl der Lastwechsel in der Minute betrug bei den Dauerzugdruckversuchen (Wechselbelastung) 8—16, bei den Dauerzugversuchen (Schwellbelastung) 9—15. Bei den Dauerzugdruckversuchen wechselte die Belastung zwischen gleich großen Zug- und Druckkräften. Bei den Dauerzugversuchen ist die Ursprungszugfestigkeit gesucht worden; dabei ist wie früher die untere Belastungsgrenze zu $\sigma_u = 0{,}5\,\text{kg/mm}^2$ gewählt worden.

Bei allen Versuchen wurden die Längenänderungen der Nietverbindungen verfolgt und zwar mit der Einrichtung, die in Abb. 2 dargestellt ist.

Wenn die Nietverbindung nach rd. 500000 Lastwechseln nicht zerstört war, wurde der Versuch abgebrochen.

5. Versuchsergebnisse.

a) Formänderungen.

In Abb. 57 sind die Änderungen der Strecken A und B, Abb. 2, für eine zweireihige Nietverbindung wiedergegeben, die durch Lastwechsel zwischen $+15$ und $-15\,\text{kg/mm}^2$ beansprucht worden ist. Nach oben sind die Verlängerungen eingetragen, welche bei Zugbelastung auftraten, nach unten die Verkürzungen, die bei Druckbelastung festzustellen waren. Man sieht hier, daß die Längenänderungen der Strecken A und B mit wachsender Zahl der Lastwechsel im allgemeinen zugenommen haben; kurz vor dem Bruch sind die Verlängerungen durch Zugbelastung bedeutend gewachsen, die Verkürzungen durch Druckbelastung etwas zurückgegangen. Weiter macht Abb. 57 aufmerksam, daß die Verlängerungen durch Zugbelastung größer ausgefallen sind als die Verkürzungen durch die Druckbelastung, wie zu erwarten stand.

[1] Preßlufthammer Type N 80 der Firma Frankfurter Maschinenbau A.-G. vorm. Pokorny u. Wittekind (von der Firma Maschinenfabrik Eßlingen für die Versuche zur Verfügung gestellt). Bei der Nietverbindung G H 52 · 55, 1—2 ist ausnahmsweise Preßlufthammer Type H 35 b (Hammergewicht 12,9 kg, Döppergewicht 1,11 kg) benutzt worden.

Abb. 58 zeigt die Ergebnisse einer Verbindung, die durch Lastwechsel zwischen +12 und —12 kg/mm² beansprucht worden ist. Im Vergleich mit Abb. 57 findet sich, daß die Längenänderungen in Abb. 58 entsprechend der geringeren Beanspruchung langsamer eingetreten sind und kleiner blieben. Ob bei Fortsetzung des Versuchs über 522400 Lastwechsel hinaus eine Zerstörung erfolgt wäre, kann nach dem Verlauf der Linienzüge in Abb. 58 nicht bestimmt angegeben werden.

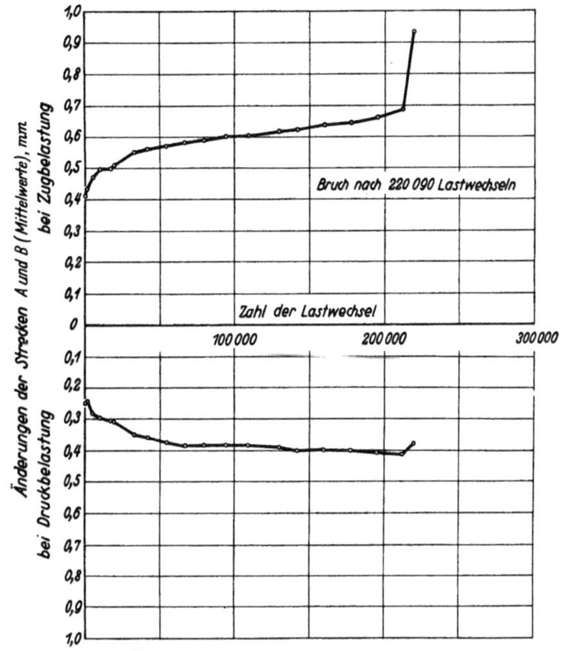

Abb. 57. Änderungen der Strecken A und B, Abb. 2, an der zweireihigen Nietverbindung GH 52. 1—2,4, vgl. Zusammenstellung 6. Prüfung durch Lastwechsel zwischen +15 und —15 kg/mm².

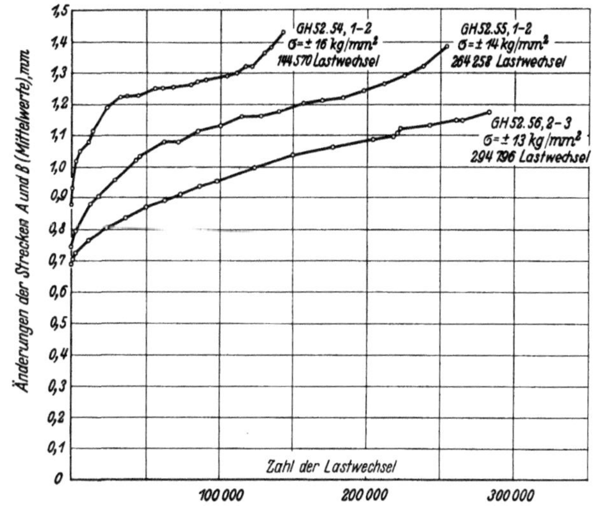

Abb. 59. Änderungen der Strecken A und B, Abb. 2, an dreireihigen Nietverbindungen nach Zusammenstellung 6.

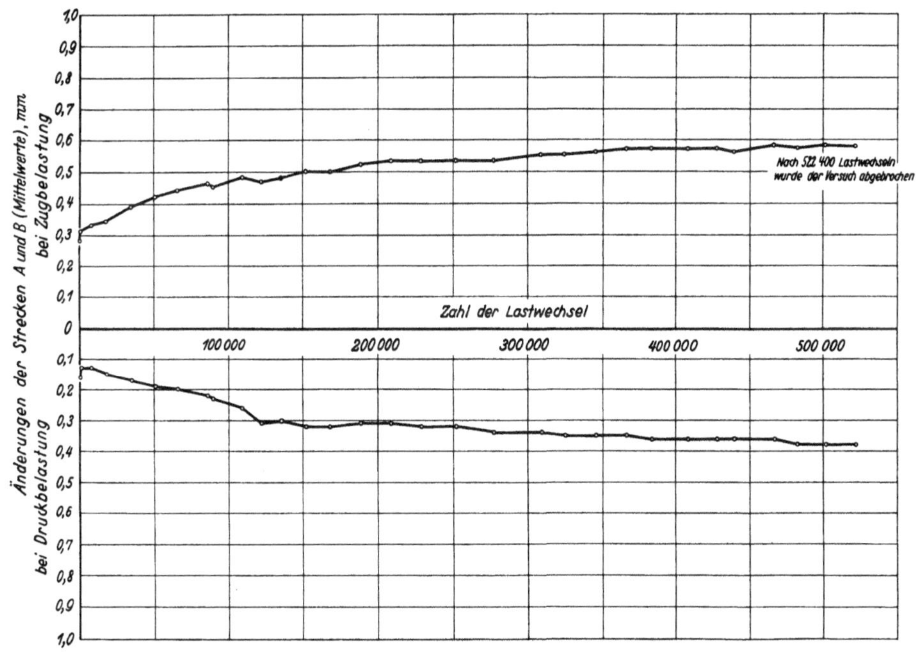

Abb. 58. Änderungen der Strecken A und B, Abb. 2, an der zweireihigen Nietverbindung GH 52. 1—2,5, vgl. Zusammenstellung 6. Prüfung durch Lastwechsel zwischen +12 und —12 kg/mm².

In Abb. 59 finden sich die Ergebnisse der Versuche mit dreireihigen Nietverbindungen in einfacherer Darstellung derart, daß die Gesamtänderungen, welche vom Ursprungszustand aus als Verkürzungen durch Druckbelastung und als Verlängerungen durch Zugbelastung auf-

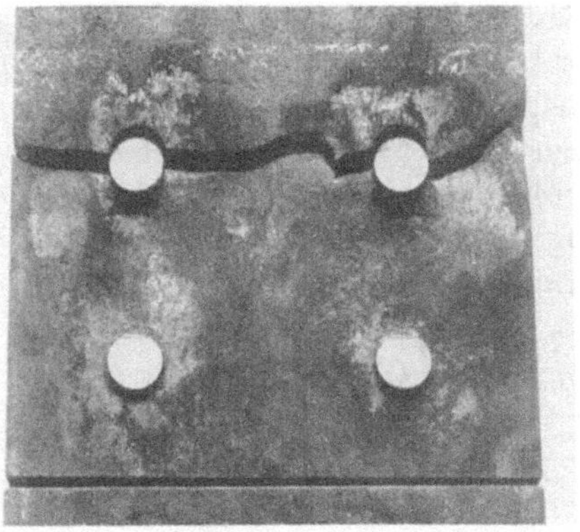

Abb. 60. Zweireihige Nietverbindung GH 52. 3,6—7 aus St 52, vgl. Zusammenstellung 6, nach 483 347 Lastwechseln zwischen +14 und —14 kg/mm². (Nietköpfe abgehobelt, eine Lasche beseitigt).

getreten sind, zusammengezählt und in einem Linienzug wiedergegeben worden sind. Die drei Nietverbindungen sind nach der in der Abb. 59 angegebenen Zahl der Lastwechsel gebrochen.

Bei den zugehörigen Versuchen unter oftmals wiederholter Zugbelastung fand sich gegenüber dem, was in den Kap. I—IX festgestellt worden ist, nichts Neues.

Aus den Abb. 57—59 geht hervor, daß während des oftmaligen Wechsels von Zug- und Druckbelastung erhebliche Verschiebungen in der Nietverbindung beobachtet worden sind, beispielsweise im Falle der Abb. 58 anfänglich über 0,4 mm, später bis rd. 0,9 mm. Durch diese Verschiebungen sind die Übertragungsflächen der Klemmkräfte gescheuert worden. Es trat sog. Passungsrost oder anderes Pulver unter den Nietköpfen und zwischen den Blechen hervor, vgl. Abb. 63; auf den Bruchstücken konnten die Scheuerflächen später erkannt werden, wie aus Abb. 64 und 65 zu ersehen ist.

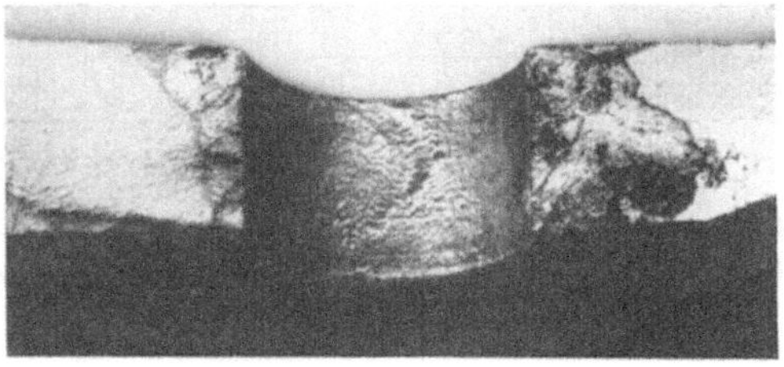

Abb. 61.

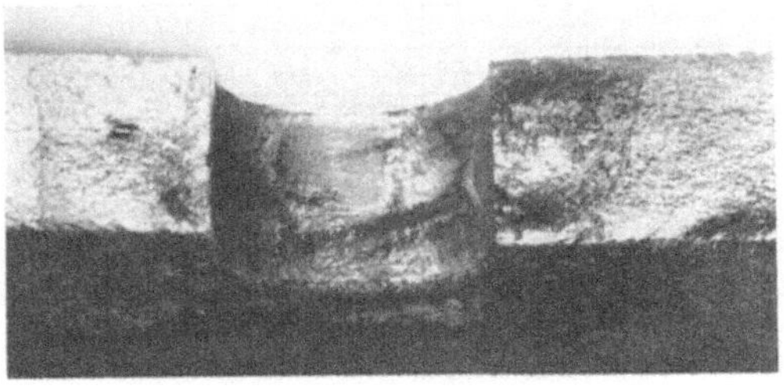

Abb. 62.

Abb. 61 und 62. Aus den Bruchflächen einer dreireihigen Nietverbindung aus St 52 nach 144 570 Lastwechseln zwischen +16 und —16 kg/mm².

Abb. 63. Zweireihige Nietverbindung aus St 52 nach 221 500 Lastwechseln zwischen +14 und —14 kg/mm². Auf den Nietköpfen liegt Paßrost, der während des Versuchs zwischen dem Blech und den Nietköpfen entstanden ist.

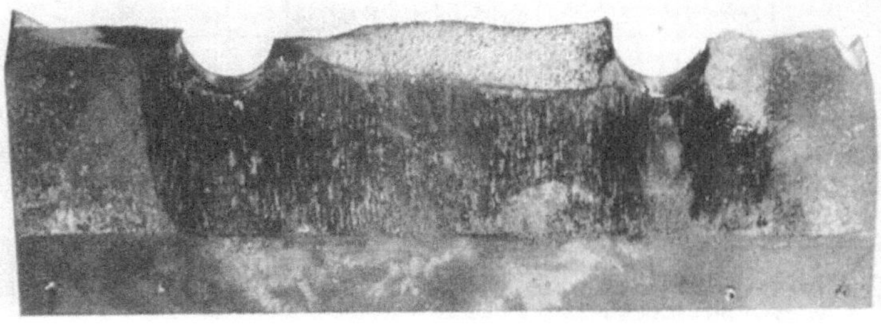

Abb. 64. Bruchstück einer zweireihigen Nietverbindung aus St 52 nach 220 090 Lastwechseln zwischen +15 und —15 kg/mm².

b) Bruchbilder.

Die Zerstörung erfolgte stets in der ersten Nietreihe, von einem oder mehreren Lochrändern ausgehend, vgl. Abb. 60, sowie Abb. 64 und 65. In den Druckflächen der Nietlöcher sind Verquetschungen aufgetreten, wie die Abb. 61 und 62 erkennen lassen.

c) Dauerfestigkeit bei oftmals wiederholter Zugdruckbelastung und bei oftmals wiederholter Zugbelastung.

In Abb. 66 sind die Ergebnisse der zweireihigen Nietverbindungen wiedergegeben; zu der Zahl der Lastwechsel wurden die Schwingungsweiten eingezeichnet, welche jeweils ertragen worden sind. Hiernach betrug die Schwingungsweite, welche bei 500000 Lastwechseln noch zum Bruch führte,

Abb. 65. Bruchstück einer dreireihigen Nietverbindung aus St 52 nach 144 570 Lastwechseln zwischen + 16 und —16 kg/mm².

beim oftmaligen Wechsel zwischen Zug- und Druckbelastung	bei oftmals wiederholter Zugbelastung
28 kg/mm²	17,5 kg/mm².

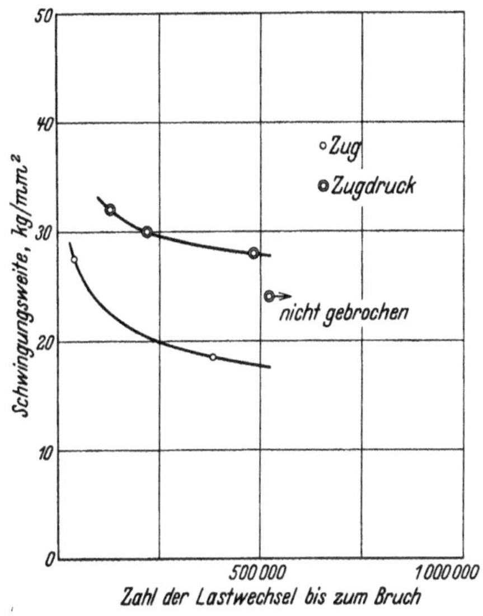

Abb. 66.

Die Schwingungsweite, welche bei Zug-Druckbelastung ertragen wurde, ist also weit größer ausgefallen als bei Zugbelastung. Das Verhältnis beträgt hier 28 : 17,5 = 1,6 : 1.

Auch bei den dreireihigen Nietverbindungen ist die Schwingungsweite bei Zugdruckbelastung viel größer ermittelt worden als bei Zugbelastung, wie aus Zusammenstellung 6 hervorgeht. Nach den wenigen Versuchen, die bis jetzt vorliegen, würde die Schwingungsweite, welche bei 250000 Lastwechseln zum Bruch führt, bei den dreireihigen Verbindungen betragen

beim oftmaligen Wechsel zwischen Zug- und Druckbelastung	bei oftmals wiederholter Zugbelastung
rd. 27 kg/mm²	18 kg/mm².

Demnach ist das Verhältnis der Schwingungsweite bei Zugdruckbelastung und Zugbelastung hier etwas kleiner ausgefallen als bei den zweireihigen Nietverbindungen; außerdem sind die Schwingungsweiten der dreireihigen Nietverbindungen etwas kleiner geblieben als diejenigen der zweireihigen. Weitere Untersuchungen sind im Gange, weshalb hier eine ausführliche Erörterung unterbleibt.

XI. Einfluß der Zahl der Lastwechsel, die in der Zeiteinheit eintritt, auf die Ursprungszugfestigkeit von Nietverbindungen.

Als die ersten Versuche über die Dauerzugfestigkeit von Nietverbindungen bekanntgegeben waren, wurde von verschiedenen Seiten die Frage gestellt, ob die Dauerzugfestigkeit durch die Zahl der minutlich eintretenden Lastwechsel beeinflußt werde. Man erwartete, daß bei einer rascheren Folge der Lastwechsel die Dauerzugfestigkeit viel größer ausfalle als bei der damals gewählten Lastwechselzahl (vgl. unter I, 4)[1]. Die bis dahin vorliegenden Beobachtungen

[1] Als später aus anderen Gründen mehr Lastwechsel in der Minute ausgeführt wurden, ist die gegenteilige Auffassung aufgetreten.

ließen zwar nicht erwarten, daß dieser Einfluß erheblich sei. Doch schien es geboten, versuchsmäßig festzustellen, ob die Zahl der Lastwechsel innerhalb der Grenzen, die mit den vorhandenen Versuchseinrichtungen ohne weiteres gewählt werden konnten, wesentlichen Einfluß nimmt, weil der Einfluß der Zahl der Lastwechsel immer wieder erörtert wurde, um die Bedeutung der Dauerversuche überhaupt einzuschränken.

Bei unseren Versuchen ist noch auf einen anderen Umstand eingegangen worden, nämlich auf den Einfluß von Unterbrechungen derart, daß die Nietverbindungen während Stunden oder Tagen entlastet blieben; die oftmals wiederholte Zugbelastung wirkte also nur zeitweise.

Zuerst sei auf Untersuchungen mit Nietverbindungen nach Abb. 34 eingegangen. Die Ergebnisse dieser Versuche sind in der Zusammenstellung 7 eingetragen. Hieraus ist ersichtlich, daß die Zahl der Lastwechsel, welche bis zum Bruch ertragen wurde, bei 350 Lastwechseln in der Minute größer war als bei 10 Lastwechseln in der Minute, d. h. die Ursprungszugfestigkeit der Nietverbindungen wurde bei der kleineren Zahl der minutlichen Lastwechsel kleiner. Jedoch sind die Unterschiede nicht erheblich.

Zusammenstellung 7.

Dauerzugversuche mit zweireihigen Nietverbindungen nach Abb. 34.
Werkstoff der Flacheisen: St 52 D; Werkstoff der Niete: St 44.
Berührungsflächen mit Mennige gestrichen.

1	2	3	4	5	6	7
Belastungs-geschwindigkeit, Zahl der Lastwechsel in der Min. n/min	Bezeichnung der Nietverbindungen	Zuganstrengung der Flacheisen an der unteren Belastungsgrenze σ_u kg/mm²	Zuganstrengung der Flacheisen an der oberen Belastungsgrenze σ_o [1] kg/mm²	Zahl der Lastwechsel bis zum Bruch	Unterbrechungen	Gesamte Versuchsdauer Tage
rd. 10	St 52 D. 36	2,0	15,0	434 000	19 Unterbrechungen von 0,25 bis 8 Stunden Dauer, insgesamt 41 Stunden	30,5
	St 52 D. 53	2,0	12,9	1 003 000	48 Unterbrechungen von 0,5 Stunden bis 21,5 Tagen Dauer, insgesamt rd. 46,5 Tagen	125
rd. 350	St 52 D. 39	2,0	15,0	696 400	0	1,5
	St 52 D. 46	2,0	13,0	1 209 700	0	2,5

Weitere Feststellungen finden sich in der Zusammenstellung 5 in der Reihe 3. Dabei ist wieder mit 10 und 350 minutlichen Lastwechseln gearbeitet worden. Auch hier fanden sich etwas kleinere Festigkeiten, wenn in der Minute 10 Lastwechsel aufgebracht wurden.

Weitere Untersuchungen sind noch im Gange und zwar mit einer Nietverbindung, die mit oftmaligen, länger dauernden Unterbrechungen geprüft wird. Hierzu gehört sehr viel Zeit, weshalb das Ergebnis erst Mitte 1935 zu erwarten ist.

XII. Zusammenfassung der Versuchsergebnisse.

Für das Gebiet, das durch die vorliegenden Versuche gedeckt erscheint, sind im folgenden die Feststellungen wiedergegeben, die zur Zeit am wichtigsten sein dürften.

1. Zur Beurteilung der Widerstandsfähigkeit von Baustählen unter oftmals wiederkehrender Zugbelastung wurde die Ursprungszugfestigkeit von Flachstäben mit Walzhaut und Boh-

[1] $\sigma : \sigma_l : \tau = 1 : 1{,}6 : 0{,}7$.

rung ermittelt (vgl. im Kap. II). Dabei fand sich die Ursprungszugfestigkeit von Stäben aus St 37 im Mittel zu 19 kg/mm², für Stäbe aus Stählen höherer Festigkeit zu 21 kg/mm². [1]

2. Hiernach war die Ursprungszugfestigkeit von Stahl höherer Festigkeit im Mittel um 11% höher als bei St 37.

3. Der Widerstand gegen oftmals wiederkehrende Zugbelastung wurde bei Flachstäben mit Walzhaut und Bohrung etwas kleiner, wenn zu den bewegten Lasten noch ruhende Lasten hinzutraten. Jedoch war dieser Einfluß der ruhenden Lasten auf die Größe der tragbaren bewegten Lasten innerhalb des Bereichs, der praktisch in Betracht kommt, klein, vgl. Abb. 31a und 31b.

4. Die Stähle höherer Festigkeit sind gemäß dem unter Ziff. 1—3 Gesagten in erster Linie zu verwenden, wenn der Anteil der ruhenden Lasten an den Gesamtlasten vorherrschend ist.

5. Die Ursprungszugfestigkeit der Stäbe mit Walzhaut und mit Bohrung, noch mehr der Stäbe mit Walzhaut, jedoch ohne Bohrung, war abhängig von der Beschaffenheit der Walzhaut. Durch Polieren der Lochwand und der Stabflächen neben der Bohrung ließ sich demgemäß die Ursprungszugfestigkeit erhöhen. Die Ursprungszugfestigkeit von Flachstäben mit Walzhaut und Bohrung wurde auch erhöht, wenn der Stab vor Aufbringen der oftmals wiederholten Belastungen erheblich über die Streckgrenze gereckt oder wenn die Bohrung durch Walzen erweitert worden ist. Der Einfluß des Aufwalzens war bei Stäben aus St 37 größer als bei solchen aus St 52. Vgl. unter II.

6. Die Dauerzugfestigkeit von Nietverbindungen erwies sich in hohem Maße abhängig von der Reibung in den Nietverbindungen. Die Reibung entsteht durch die Klemmspannungen, welche in den Nieten vorhanden sind, vgl. im Kap. IV.

7. Die Klemmspannung in den Nieten erwies sich abhängig u. a. von der Zusammensetzung des Werkstoffs der Niete, von der Nietlänge, vom Nietverfahren usf. (vgl. im Kap. IV).

8. Die Reibung in den Nietverbindungen ist naturgemäß außer von der Klemmkraft noch von der Beschaffenheit der Reibungsflächen abhängig. Mit Mennige gestrichene Bleche lieferten kleinere Reibung als ungestrichene entfettete Bleche. Deshalb war auch die Ursprungszugfestigkeit von Nietverbindungen, die nicht gestrichen waren, größer als von Nietverbindungen, die Anstriche erhalten hatten (vgl. im Kap. V).

9. Bei Nietverbindungen aus St 37 war der Einfluß des Anstrichs auf die Ursprungszugfestigkeit nicht bedeutend und erheblich kleiner als bei Nietverbindungen aus St 52 (vgl. im Kap. V).

10. Das Verhältnis $\sigma : \tau$ hat die Ursprungszugfestigkeit der Nietverbindungen innerhalb der gewählten Grenzen erheblich beeinflußt (vgl. in den Kap. VI und VII). Wenn das Verhältnis $\sigma : \tau$ erheblich über die z. Zt. zulässige Grenze hinausging, dann wurde der Biegewiderstand der Niete maßgebend; damit änderte sich auch die Verteilung der Lasten auf die Lochwandungen der Bleche. Nach den vorliegenden Versuchen sollte $\sigma : \tau$ bei Verbindungen aus St 37 nicht kleiner als 1 : 0,9, bei Verbindungen aus St. 52 nicht kleiner als 1 : 0,8 sein.

11. Die Dauerzugfestigkeit von Nietverbindungen aus St 37 änderte sich nur wenig, wenn $\sigma : \sigma_l : \tau$ von 1 : 2,42 : 0,92 auf 1 : 1,23 : 0,47 gestiegen ist. Hiernach ist bei solchen Verbindungen ein wesentlicher Einfluß von $\sigma : \sigma_l$ innerhalb der zulässigen Grenzen nicht zu erwarten (vgl. im Kap. VIII).

Die Ursprungszugfestigkeit von Nietverbindungen aus St 52 (mit Nieten aus St 44) ging deutlich zurück, wenn $\sigma : \sigma_l$ von 1 : 1,9 auf 1 : 2,5 geändert wurde. Hiernach erscheint es angezeigt, in Verbindungen aus St 52 (mit Nieten aus St 44) den Lochwanddruck σ_l unter dem 2,5fachen der Zuganstrengung zu halten (vgl. im Kap. IX).

12. Die Dauerzugfestigkeit der Laschen wurde an Verbindungen nach Abb. 49 höher ermittelt als die Dauerzugfestigkeit der Mittelstücke (vgl. unter IX, 5b).

[1] Der Unterschied gegenüber Stäben ohne Bohrung ist kleiner als ihn die Rechnung nach der Elastizitätslehre angibt, hauptsächlich weil am Lochrand bis zum Fließen des Stahls wesentlich größere Dehnungen ertragen werden als beim Stab ohne Bohrung (vgl. Eiselin: Bauing. 1924, S. 247 ff. — Bierett: Ein Beitrag zur Frage der Spannungsstörungen in Bolzenverbindungen. Experimentelle Untersuchung eines Augenstabes. Dissertation Berlin 1930. — Heßler: Dissertation Stuttgart 1934).

13. Der Widerstand der Nietverbindungen gegen oftmals wiederkehrende Zugbelastungen ging zurück, wenn ruhende Lasten hinzutraten (vgl. unter VI, B, 5 u. IX, 5).

Es betrug u. a.:

	die Schwingungsweite wenn die ruhende Last $\sigma_u = 0{,}5$ kg/mm² war	wenn die Last zu $^2/_3$ ruhend war
bei Verbindungen nach Abb. 45 (VI, B, 5), Bleche aus St 37 und Niete aus St 34, $\sigma : \sigma_l : \tau = 1 : 2{,}5 : 0{,}9$	21	8,1 kg/mm²,
bei Verbindungen nach Abb. 48 (IX), Bleche aus St 52 und Niete aus St 44, $\sigma : \sigma_l : \tau = 1 : 1{,}9 : 0{,}8$	15,5	8,5 kg/mm².

Die Schwingungsweite, welche beim oftmaligen Wechsel zwischen Zug- und Druckbelastung ertragen wurde, war weit größer als bei oftmals wiederholter Zugbelastung (vgl. im Kap. X).

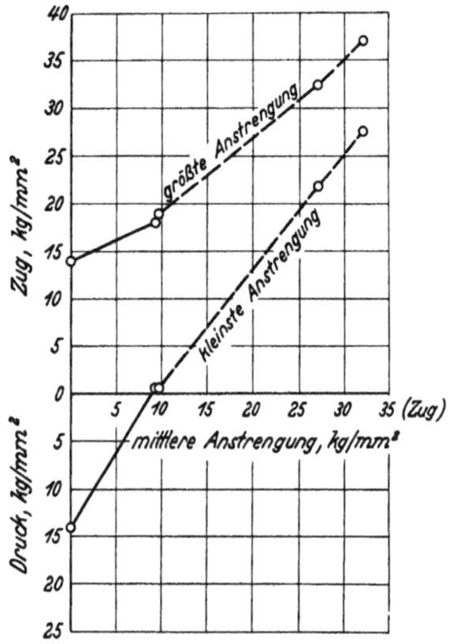

—— zweireihige Nietverbindungen aus St 52 nach Zusammenstellung 6 (Reihe 2); $n = 8$ bis 16 Lastwechsel/min.
– – – zweireihige Nietverbindungen aus St 52 nach Abb. 48, Reihe 3 der Zusammenstellung 5; $n =$ rd. 350 Lastwechsel/min.

Abb. 67. Dauerversuche mit Nietverbindungen bei verschiedener Art der Beanspruchung. Widerstandsfähigkeit gegen 500 000 Lastwechsel.

Die Abhängigkeit des Widerstands gegen oftmals wiederkehrende Lasten von der Art der Belastung (Wechsel zwischen Zug- und Druckanstrengung, gleichzeitige Wirkung von ruhenden und bewegten Lasten) fand sich bei den Versuchen unter IX und X gemäß Abb. 67.

14. Durch Änderung der Zahl der minutlich auftretenden Lastwechsel von rd. 10 auf rd. 350, auch durch Einschaltung von großen Ruhepausen, ist bis jetzt ein nur unerheblicher Einfluß auf die Größe der Ursprungszugfestigkeit von Nietverbindungen gefunden worden (vgl. unter XI).

15. Die ersten bleibenden Änderungen der Strecken *A* und *B*, Abb. 2, entstanden durch Gleiten in der Nietverbindung, sind unter Lasten gemessen worden, die in der Regel erheblich unterhalb den zulässigen Lasten liegen; allerdings handelt es sich dabei um sehr kleine Bewegungen (vgl. u. a. unter I, 5c). Durch oftmals wiederholte Belastungen wurden die Verschiebungen größer als bei allmählich steigender Last (vgl. u. a. Abb. 17—23). Durch Verwendung von Nietwerkstoff, der höhere Klemmkräfte lieferte (vgl. unter I, 5) wurde das Gleiten verzögert. Weiteres unter I[1].

16. Die Beziehung zwischen der Zahl der Lastwechsel und der Last, welche dabei getragen wurde, ist für Verbindungen nach Abb. 68 in Abb. 69 dargestellt. Hier hat die Tragkraft mit der Zahl der Lastwechsel zunächst rasch abgenommen; die Vermehrung der Lastwechsel über 500 000 hinaus war von untergeordneter Bedeutung. Diese Verhältnisse waren bei vielen Versuchen zu erkennen.

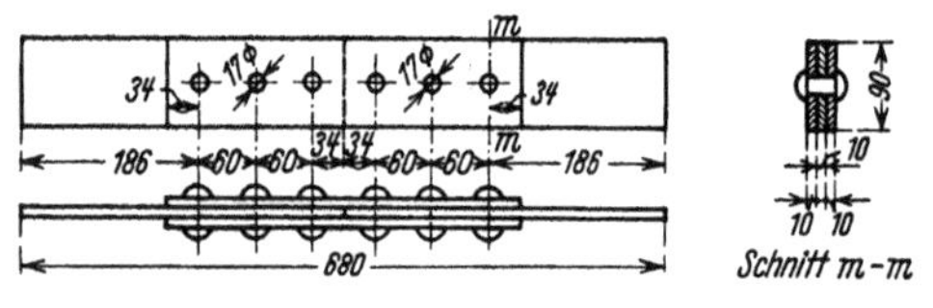

Abb. 68.

17. Die Ursprungszugfestigkeit, welche bei 2 Millionen Lastwechseln auftrat, fand sich bei Nietverbindungen, welche den seiner Zeit geltenden Bedingungen entsprachen ($\sigma : \sigma_l : \tau = 1 : 2{,}5 : 0{,}8$ bei St 37 und Niete St 34, $1 : 2 : 0{,}8$ für St 52 und Niete St 44) und die ohne Zwischenanstrich geblieben sind, zu mindestens 15 kg/mm².

18. In Nietverbindungen, die oftmals wiederkehrenden Lasten ausgesetzt worden sind und die den heute geltenden Bauvorschriften entsprechen, begann der Bruch in der Regel

[1] Die Versuche unter I und VI A sind derart ausgeführt worden, daß die oftmals wiederholte Last stufenweise zur Wirkung kam; die obere Lastgrenze wurde erhöht, wenn durch eine gewisse Zahl von Lastwechseln nur kleine, bestimmte Änderungen der Strecken *A* und *B*, Abb. 2, hervorgerufen wurden (vgl. unter I, 4). Bei den späteren Versuchen ist die Last gesucht worden, welche 2 Millionen mal (Abschnitt II, V, VI, VII u. IX) oder 400 000 mal (Abschnitt VIII) oder 500 000 mal (Abschnitt X) ertragen wurde.

an den Lochrändern der ersten Nietreihen (vgl. Abb. 25 und 60). Wenn τ erheblich größer als zulässig gewählt wurde, brachen die Niete auf Biegung (vgl. Abb. 42 und 43).

19. Bei den hier mitgeteilten Zerreißversuchen fand sich für Verbindungen aus St 37 mit Nieten aus St 34

a) bei einreihigen Verbindungen:

σ zum 0,82- bis 0,91fachen der Normenzugfestigkeit der Bleche, wenn die Bleche zerstört wurden,

τ zu 32,8—36,7 kg/mm², wenn Abscheren der Niete stattfand[1];

b) bei zwei- und mehrreihigen Verbindungen:

σ zum 1,12- bis 1,23fachen der Normenzugfestigkeit der Bleche, wenn die Bleche zerstört wurden,

τ zu 32,6—37,2 kg/mm², wenn Abscheren der Niete stattfand;

ferner für Verbindungen aus St 52 mit Nieten aus St 52

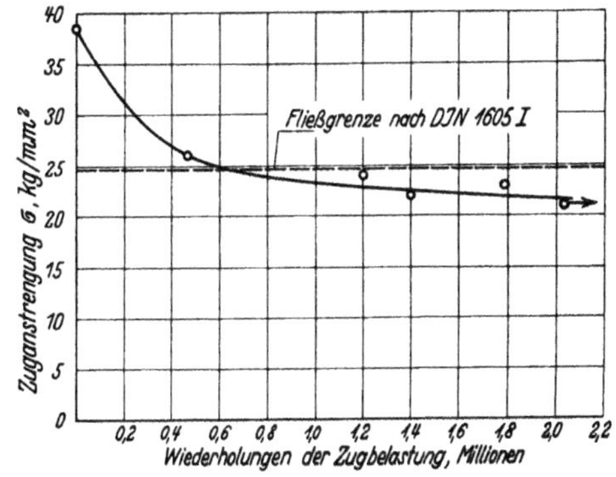

Abb. 69.

c) bei einreihigen Verbindungen:

σ zum 0,72- bis 0,89fachen der Normenzugfestigkeit der Bleche;

d) bei dreireihigen Verbindungen:

zum 0,98- bis 1,09fachen der Normenzugfestigkeit der Bleche.

20. Aus den Bruchbildern von den Zerreißversuchen mit Nietverbindungen aus St 37 und St 52 ist bemerkenswert, daß die einreihigen Verbindungen immer gegen die Blechenden ausrissen, wenn σ_l = rd. 2,5 σ betrug; damit blieb σ_{max} unter der Normenzugfestigkeit der Bleche.

[1] In einem Fall ist 42,1 kg/mm² gefunden worden; allerdings handelt es sich dabei um eine Verbindung, die vorbelastet und bei der eine zusätzliche Verfestigung des Nietwerkstoffs möglich war.

Für die heutige Entwicklung der Metallkunde ist die fortschreitende Durchdringung mit wissenschaftlichen Gesichtspunkten kennzeichnend. Wenn es auch bereits seit Jahren eine festgefügte wissenschaftliche Metallkunde gibt, so hat sie in der täglichen Praxis des Metallherstellers noch lange nicht die ihr gebührende Stellung erworben. Das liegt zum Teil daran, daß die Fragen der metallographischen Praxis im Betriebe noch nicht wissenschaftlich durchforscht sind, zum Teil auch daran, daß der Praktiker noch nicht die Möglichkeit gehabt hat, sich mit der modernen theoretischen Metallkunde ausreichend vertraut zu machen. Dieses Bedürfnis richtig erkannt hat der Verfasser des vorliegenden Werkes:

Praktische Metallkunde

Schmelzen und Gießen, spanlose Formung, Wärmebehandlung

Von

Dr.-Ing. **G. Sachs** VDI

Leiter des Metall-Laboratoriums der Metallgesellschaft A.G., Frankfurt a. M.
a. o. Professor an der Universität Frankfurt a. M.
auswärtiges Mitglied der Kaiser Wilhelm-Gesellschaft zur Förderung der Wissenschaften

Erster Band: **Schmelzen und Gießen.** Mit 323 Textabbildungen und 5 Tafeln. VIII, 272 Seiten. 1933. Gebunden RM 22.50

Zweiter Band: **Spanlose Formung.** Mit 275 Textabbildungen. VIII, 238 Seiten. 1934. Gebunden RM 18.50

Dritter Band: **Wärmebehandlung** *(soeben erschienen).* Mit einem Anhang: „Magnetische Eigenschaften" von Dr. A. Kussmann, Regierungsrat an der Physikalisch-Technischen Reichsanstalt. Mit 217 Textabbildungen. V, 203 Seiten. 1935. Gebunden RM 17.—

Die Rohstoffknappheit zwingt einerseits zum Austausch gewisser Metalle gegen andere und andererseits zur Benutzung besonders hochwertiger Legierungen. Beide Forderungen führen dazu, stärker als bisher vergütbare Legierungen zu benutzen. In dem neuen, dritten Band ist über die Herstellung und Eigenschaften vergütbarer Legierungen sowie über die Gesetzmäßigkeiten der Wärmebehandlung praktisch alles zusammengestellt, was darüber bekannt ist. Insbesondere über die Leichtmetalle, aber auch über Kupferlegierungen, Edelmetalle, Sonderstähle usw. wird ein reiches Tatsachenmaterial gebracht, das bei der Behandlung und Anwendung bekannter Werkstoffe sowie auch bei der Entwicklung neuer Legierungen gute Dienste leisten wird.

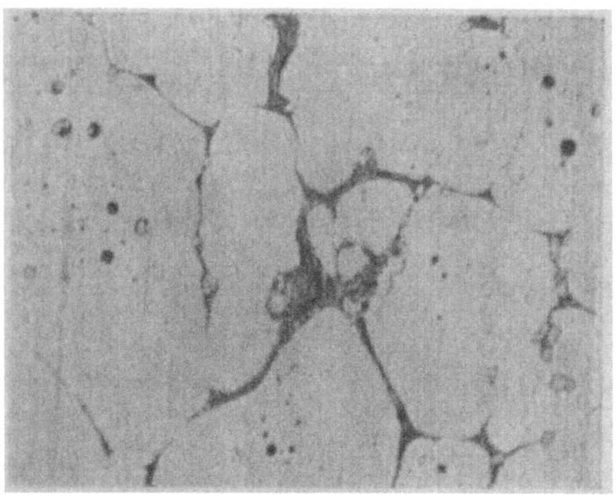

Gefüge von verbranntem Duraluminblech. 540°, 1/2 Stunde geglüht. Vergr. 200×. Geätzt mit 20%igem HNO_3.

Verlagsbuchhandlung Julius Springer in Berlin

Sachs, Praktische Metallkunde

Inhaltsverzeichnis des neuen dritten Bandes:

Wärmebehandlung

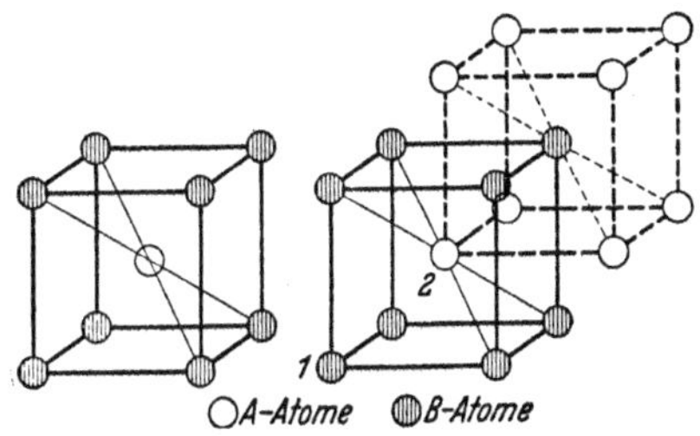

Gitter der regulär-körperzentrierten Phasen A_1B_1.

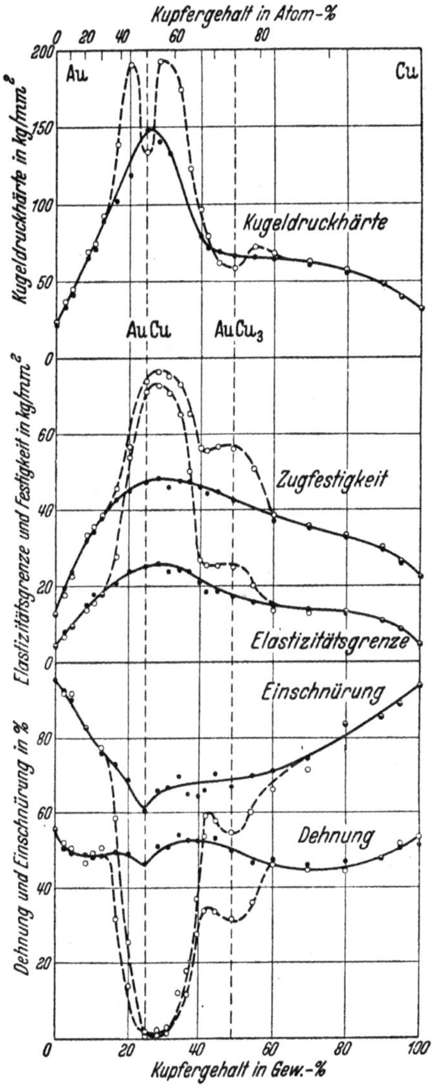

— Abgeschreckt - - - - Langsam abgekühlt

Festigkeitseigenschaften von Gold-Kupferlegierungen.

(Nach Broniewski und Wesolowski.)

Verlagsbuchhandlung Julius Springer in Berlin

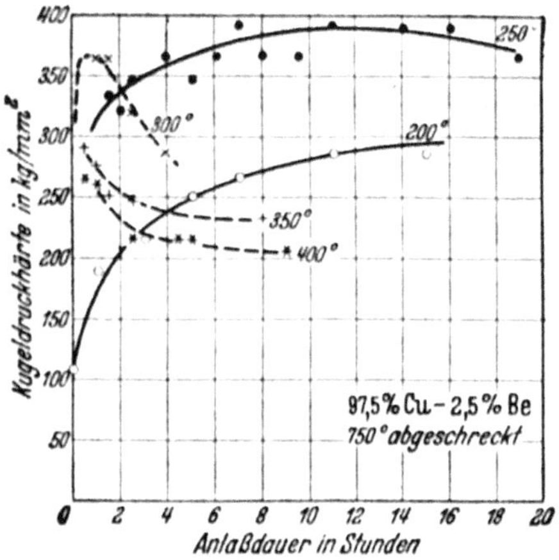

Aushärtung einer Kupfer-Berylliumlegierung in weichem Zustande. (Nach Hessenbruch.)

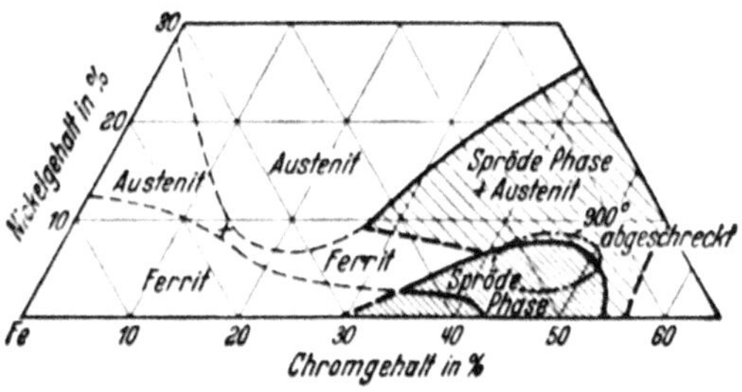

Sprödigkeitsgebiete im System Eisen-Chrom-Nickel. (Nach Bain und Griffiths.)

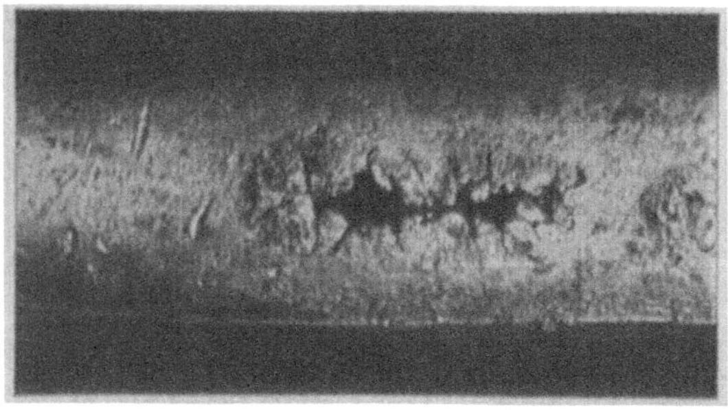

Zinnpest in Zinnrohren. Vergr. 2×.

Inhaltsverzeichnis des ersten Bandes:

Schmelzen und Gießen

Verlagsbuchhandlung Julius Springer in Berlin

Das Gefüge von Metallen und Legierungen: Dendritische Kristalle. Die Erstarrung der Legierungen eines eutektischen Systems. Gefüge des Eutektikums. Eigenschaften eutektischer Legierungen. Mischkristalle und Metallverbindungen. Bildungsgesetze intermediärer Kristallarten. Kristallisation von Mischkristallen im Gleichgewichtszustande. Kornseigerung in reinen Mischkristallen und in Systemen mit begrenzter Mischkristallbildung. Berechnung der Kornseigerung. Blockseigerungen. Normale und umgekehrte Blockseigerung. Theorie der Blockseigerung. Schwerkraftseigerung.

Gase und Metalle: Metalle und einfache Gase. Löslichkeit verschiedener Gase in Metallschmelzen. Druckabhängigkeit der Gaslöslichkeit. Metalle und zusammengesetzte Gase. Kupfer, Sauerstoff und Wasserstoff. Nachweis gelöster Gase. Quellen des Gasgehalts. Undichtigkeiten im Guß. Undichtigkeiten und Eigenschaften. Gasblasen in Blech. Gase und Undichtigkeiten. Gase und feste Metalle.

Der Einfluß kleiner Beimengungen: Grenzen des Begriffs „kleine Beimengungen". Reine Metalle. Wirksamkeit kleiner Beimengungen. Metalle und Nichtmetalle. Gesetze der Verbindungsbildung zwischen Metallen und Nichtmetallen. Feste Lösungen von Nichtmetallen in Metallen. Schlackeneinschlüsse. Primäre Kristalle. Beimengungen in zwischenkristallenen Schichten. Die Veredlung von Silumin. Beseitigung von Beimengungen beim Schmelzvorgang. Schmelzen im Vakuum. Behandlung mit Gasen. Desoxydationsmittel. Desoxydation von Stahl. Desoxydation und Entgasung von Kupfer. Entschwefelung von Nickel. Kompensation von Eisen und Titan in Silumin. Sonstige starke Wirkungen kleiner Beimengungen.

Wärmebehandlung von Guß: Glühen und Vergüten. Entspannen. Gußhomogenisierung. Edelguß. Einformen. Abschrecken von Blockguß und Formguß. Vergütung von Formguß.

Blockguß.
Kokillen. Liegender und stehender Guß. Kokillenguß für Sonderzwecke. Kühlkokillen. Vermeidung von Lunkern. Risse in Gußblöcken. Gußgefüge und Eigenschaften. Das Gießen von Kupfer. Schleuderguß.

Formguß.
Die verschiedenen Gießarten: Formguß und andere Formgebungsverfahren. Die verschiedenen Gießarten. Sandguß. Konstrukteur und Gießer. Die Anschnittsverhältnisse. Tümpelguß. Das Gießen. Schutzdecken und Salzbehandlung. Schreckplatten. Kokillengußlegierungen. Kokillen für Aluminiumguß. Schleuderguß. Spritzguß.

Gießeigenschaften von Gußlegierungen: Beurteilung der Gießeigenschaften. Das Formfüllungsvermögen und seine Feststellung. Formfüllungsvermögen verschiedener Legierungen. Einfluß von Verunreinigungen. Druck und Materialnachschub. Zähigkeit. Oberflächenspannung. Erstarrungshohlräume. Prüfung des Gasgehalts und der Gasblasenbildung. Druckdichtigkeit.

Risse und Spannungen: Risse in Formguß. Warmrisse. Prüfung auf Warmbrüchigkeit. Rißneigung und Erstarrungsform von Legierungen. Verhütung von Warmrissen. Schwindung. Spannungsrisse und Gußspannungen. Nachweis von Gußspannungen. Berechnung der Wärme- und Eigenspannungen in Guß.

Gießbedingungen und Festigkeitseigenschaften: Einfluß der Anschnittsverhältnisse bei Sandguß und Kokillenguß. Einfluß der Gießart. Einfluß der Erstarrungs- und Abkühlungsgeschwindigkeit auf Kokillenguß. Kokillenwirkungen bei vergütbaren Legierungen sowie in besonderen Fällen. Einfluß der Probenform, der Probendicke und der Gießtemperatur.

Die mechanische Prüfung von Gußlegierungen: Prüfung von Probestäben. Sandguß und Kokillenguß. Probestabformen. Einfluß der Oberflächenbeschaffenheit. Erforderliche Probenzahl. Einfluß der Prüfbedingungen. Zugfestigkeit und Dehnung. Elastizitäts- und Streckgrenzen. Druckversuche. Biegeversuche. Verdrehungsversuche und Scherversuche. Härteprüfungen. Dauerversuche und Dauerfestigkeit. Dauerbiegeversuche. Dauerverdrehungsversuche. Dauerversuche mit Vorlast. Dauerstandfestigkeit bei niedrigen Temperaturen. Kerb- und Korrosionsempfindlichkeit bei Dauerbeanspruchung. Dauerschlagversuche. Kerbschlagversuche.

Sondereigenschaften von Gußlegierungen: Festigkeitseigenschaften bei mäßig hohen Temperaturen. Dauerstandfestigkeit bei hohen Temperaturen. Dauerfestigkeit bei höheren Temperaturen. Kurzversuche bei höheren Temperaturen. Wärmebeständigkeit. Festigkeitseigenschaften bei niedrigen Temperaturen. Laufeigenschaften. Einlauffähigkeit. Reibung und Wärmeentwicklung. Belastbarkeit eines Lagermetalls. Notlaufeigenschaften. Abnutzungsversuche. Korrosion und Guß.

Prüfung und Eigenschaften von Gußstücken: Probestäbe und Gußstücke. Angegossene Probestäbe. Angegossene Probeleisten. Der Einfluß der Gußhaut. Festigkeitseigenschaften in Gußstücken. Dauerfestigkeit in Gußstücken. Festigkeiten verschiedener Zonen von Gußstücken. Die Wirkung von Schlacken. Konstrukteur und Eigenschaften von Gußstücken. Rißfreiheit und Dichtigkeit. Röntgenuntersuchungen an Guß. Leichtmetallguß. Vergütbarer Leichtmetallguß. Grundlagen der Vergütung von Guß. Leichtmetallkolben.

Anhang: Eigenschaften der wichtigsten Elemente.

Sachverzeichnis. — Zustandsschaubilder einiger Legierungen.

Inhaltsverzeichnis des zweiten Bandes:

Spanlose Formung

Einleitung.

Allgemeine Gesetze der Verformung.

Kaltverformung: Kaltverformung und Warmverformung. Eigenschaftsänderungen durch Kaltverformung. Festigkeitsprüfung und Werkstoffbeurteilung. Veränderungen der mechanischen Eigenschaften durch Kaltverformung. Verfestigung verschiedener Werkstoffe. Einfluß von Vorgeschichte und Reinheitsgrad auf die Verfestigung. Verfestigung von Legierungen. Einfluß der Formungsbedingungen auf die Verfestigung. Formänderungsvermögen und Kaltverformung. Formänderungsvermögen und Stoffzustand. Prüfung des Formänderungsvermögens. Umformungsfähigkeit. Praktische Anforderungen an die Werkstoffeigenschaften. Dauerfestigkeit und Kaltverformung. Dauerstandfestigkeit und Kaltverformung. Einfluß der Probenahme auf die Festigkeitseigenschaften. Zeilengefüge und Schichtigkeit. Richtungsabhängigkeit der Eigenschaften in Blechen. Gleiten und Zwillingsbildung. Gleitflächen und Gleitrichtungen. Orientierungsänderungen bei der Verformung einzelner Kristalle. Texturen. Textur und Eigenschaften. Fließfiguren und ausgeprägte Streckgrenze.

Anlassen und Glühen: Ziele und Wirkungen einer Glühbehandlung. Eigenschaftsänderungen beim Anlassen und Glühen. Allgemeiner Einfluß von Temperatur und Zeit. Verlauf der Entfestigung. Einfluß der chemischen Zusammensetzung auf die Entfestigung. Überlagerung von Entfestigung und Ausscheidungshärtung. Entfestigung und Rekristallisation. Einfluß der Korngröße. Grobkörnigkeit in dünnen, hoher Temperatur ausgesetzten Drähten. Der Rekristallisationsvorgang. Theorie der Rekristallisation. Der Nachweis eingetretener Rekristallisation. Rekristallisationsschaubilder. Einfluß der Glühdauer auf die Rekristallisation. Einfluß weiterer Faktoren auf die Rekristallisation. Rekristallisation nach mehrfachen Verformungen. Einfluß der chemischen Zusammensetzung auf die Rekristallisationstemperatur. Einfluß von Beimengungen auf die Größe des Rekristallisationskorns. Entstehung großer Kristalle bei der Rekristallisation. Kornwachstum und Grobkristallisation. Richtungsabhängigkeit der Eigenschaften geglühter Bleche. Rekristallisationstextur und Festigkeitseigenschaften. Sintern. Sonstige Kristallwachstumsvorgänge. Diffusion. Schädigungen durch Glühen.

Warmverformung: Technische Bedeutung der Warmverformung. Ursachen von Verarbeitungsschwierigkeiten. Einfluß kleiner Beimengungen. Gußgefüge und Verarbeitungsschwierigkeiten. Temperatur und Formänderungsvermögen. Warmverformung und Verfestigung. Stetiger Übergang von Warmverformung zu Kaltverformung. Die Bedeutung kristallographischer Vorgänge für die Warmverformung. Formung spröder Stoffe. Warmverformung von Messingen. Warmverformung und Rekristallisation. Gefüge gepreßter Stangen. Kraftbedarf und Fließwiderstand. Fließwiderstand und Temperatur. Fließwiderstand und Fließgeschwindigkeit. Verformung niedrigschmelzender Metalle. Verformung von Zink. Plattieren.

Grundlagen einer Mechanik der spanlosen Formung: Rechnerische Behandlung von Fließvorgängen in Metallen. Theoretische Verformungsarbeit. Die wirklichen Verformungen in einem Formungsvorgang. Wirkliche Verformungsarbeit. Reibung und Schmierung. Kräfte und Spannungen. Die Fließbedingung. Verformungen und Spannungen. Die Fließkurve bei Kaltverformung. Geschwindigkeitseinfluß bei Warmverformung. Grenzen der Formung und Anstrengungsgrad.

Eigenspannungen in verformten Metallen.

Eigentliche Eigenspannungen. Das Aufreißen von Messing. Die Quecksilberprüfung von Messing. Das Aufreißen anderer Metalle und Legierungen. Legierungsbrüchigkeit. Glühbrüchigkeit. Genaues Verfahren zur Messung von Eigenspannungen. Näherungsverfahren zur Messung von Eigenspannungen. Reckspannungen nach verschiedenen Formungsvorgängen. Spannungsminderung durch Verformungen. Beseitigung von Eigenspannungen durch Anlassen. Eigenspannungen höherer Art. Spannungen und Röntgenstrahlen. Veränderung der elastischen Eigenschaften durch Verformung und Glühen. Elastische Unvollkommenheiten.

Die einzelnen Formungsvorgänge.

Strangpressen und verwandte Formungen: Strangpressen. Der Fließvorgang beim Strangpressen. Der Kraftbedarf beim Strangpressen. Gefüge und Eigenschaften von Preßstangen. Pressen von Bleikabelmänteln. Pressen von Hohlkörpern.

Schmiede- und Preßvorgänge: Schmieden und Pressen. Werkstofffragen beim Schmieden und Pressen. Stauchen. Eindruckvorgänge.

Walzen: Walzwerke für Bleche und Bänder. Walzen von Stangen, Rohren und Profilen. Verformungen beim Walzen. Kräfte und Spannungsverhältnisse beim Blechwalzen. Schrägwalzen. Oberflächenbehandlung mit Walzen.

Stangenziehen, Drahtziehen und Rohrziehen: Stangen- und Rohrziehen. Drahtziehen. Verformungen und Eigenschaften gezogenen Materials. Der Kraftbedarf beim Drahtziehen. Kraftbedarf und Ziehfähigkeit beim Rohrziehen.

Tiefziehen und andere Blecharbeiten: Der Ziehvorgang. Ziehfähigkeit. Blechdehnungen. Kräfte und Spannungen beim Tiefziehen. Stanzerei und weitere Blecharbeiten. Blechprüfung.

Sachverzeichnis.

Aus den Besprechungen des ersten Bandes:
Schmelzen und Gießen

Die Wissenschaftler werden durch das Buch anschaulich in praktische Verhältnisse eingeführt, während die Betriebsleute mit den wissenschaftlichen Grundlagen vertraut gemacht werden und eine Anleitung erhalten, Betriebsfehler auf naturgegebene Gesetzmäßigkeiten zurückzuführen. So dürfte der Haupterfolg des Buches darin liegen, die gegenseitige Durchdringung von wissenschaftlichem und handwerklichem Streben, welche dem Gießereiwesen so not tut, herbeizuführen. *„Metallwirtschaft"*

This important and welcome publication gives a survey of a vast amount of available information on melting and casting metals and the properties of castings. The treatment of the subject has been planned to make the book of service to those engaged in the technical field. The author, who is well known for his own scientific work in metallurgy, shows an exceptional acquaintance with English and American publications on these subjects, and the numerous references to original papers add greatly to the value of the book . . . All who are concerned with the control of commercial production should share with research metallurgists the advantage which they can gain by reading and using this book. Many engaged in the working of metals are already alive to the value of knowledge on the subjects here dealt with, but far too few of those who produce finished castings appear to the concerned with these fundamental data, on which improvement of their products so much depends. The publishers have succeeded in fixing a price which shows a welcome reduction on some of their recent achievements. *„Journal of the Institute of Metals"*

Aus den Besprechungen des zweiten Bandes:
Spanlose Formung

Die Sachs'sche Darstellungsweise ist durch knappe, genaueste Darstellung unter meisterhafter Verarbeitung des Schrifttums gekennzeichnet, und praktische Ergebnisse und theoretische Deutungen finden sich zu einem geschlossenen Gesamtbild vereinigt . . . Das Werk wird bald zum unentbehrlichen Bestandteil der Bücherei des Metallkundlers werden und als Lehrbuch und Nachschlagewerk gleich gute Dienste leisten. *„Werkstattstechnik"*

Unterstützt durch einen bemerkenswert ordnenden Sinn und gewappnet mit einer erstaunlichen Kenntnis der gesamten einschlägigen Literatur, hat es Sachs verstanden, einem Leserkreis, der sich in erster Linie aus Konstrukteuren, Ingenieuren und Technikern (im höheren Sinne) zusammensetzen sollte, ein Werk zu geben, das zum unentbehrlichen Berater wird. Denn nicht wegzudenken ist heute der Nutzen der wissenschaftlichen und theoretischen Forschung, und es müßte schon ein Übermaß von übelwollender Ignoranz dazu gehören, in alledem nur den Ausdruck eines Geltungsbedürfnisses zu erblicken . . . *„Metallwirtschaft"*

Auf knappem Raum ist eine Fülle wichtiger Erkenntnisse und wertvoller Betriebserfahrungen zusammengedrängt. Demjenigen, der sich eingehender mit Einzelfragen der bildsamen Formgebung befassen will, werden die zahlreichen Schrifttumshinweise willkommen sein. Die Ausstattung des Bandes ist ebenso mustergültig wie die des ersten. Der Band kann allen, die mit der spanlosen Verformung der Metalle zu tun haben, bestens empfohlen werden. *„Stahl und Eisen"*

Die praktische Werkstoffabnahme in der Metallindustrie. Von Dr. phil. **Ernst Damerow,** Vorsteher der Werkstoffprüfung der A. Borsig Maschinenbau-A. G. Mit 280 Textabbildungen und 9 Tafeln. VI, 207 Seiten. 1935. RM 16.50; gebunden RM 18.—

Ⓦ **Die Wechselfestigkeit metallischer Werkstoffe.** Ihre Bestimmung und Anwendung. Von Dr. techn. **Wilfried Herold,** Wien. Mit 165 Textabbildungen und 68 Tabellen. VII, 276 Seiten. 1934. Gebunden RM 24.—

Die ferromagnetischen Legierungen und ihre gewerbliche Verwendung. Von Dipl.-Ing. **W. S. Messkin,** Leningrad. Umgearbeitet und erweitert von Regierungsrat Dr. phil. **A. Kussmann,** Berlin. Mit 292 Textabbildungen. VIII, 418 Seiten. 1932. Gebunden RM 44.50

Die Edelstähle. Von Dr.-Ing. **F. Rapatz,** Düsseldorf. Zweite, gänzlich umgearbeitete Auflage. Mit 163 Abbildungen und 112 Zahlentafeln. VIII, 386 Seiten. 1934. Gebunden RM 22.80

Die Werkzeugstähle und ihre Wärmebehandlung. Berechtigte deutsche Bearbeitung der Schrift: „The Heat Treatment of Tool Steel" von **H. Brearley,** Sheffield. Von Dr.-Ing. **Rudolf Schäfer.** Dritte, verbesserte Auflage. Mit 226 Textabbildungen. X, 324 Seiten. 1922. Gebunden RM 12.—*

Ⓦ **Allgemeine und technische Elektrometallurgie.** Von Professor Dr. **Rob. Müller,** Leoben. Mit 90 Textabbildungen. XII, 580 Seiten. 1932. Gebunden RM 32.50

Lehrbuch der Metallkunde, des Eisens und der Nichteisenmetalle. Von Professor Dr. phil. **Franz Sauerwald,** Breslau. Mit 399 Textabbildungen. XVI, 462 Seiten. 1929. Gebunden RM 29.—*

Metallographie der technischen Kupferlegierungen. Von Dipl.-Ing. **A. Schimmel.** Mit 199 Abbildungen im Text, einer mehrfarbigen Tafel und 5 Diagrammtafeln. VI, 134 Seiten und 4 Seiten Anhang. 1930. RM 19.—; gebunden RM 20.50*

Metallographie des Aluminiums und seiner Legierungen. Von Dr.-Ing. **V. Fuß.** Mit 203 Textabbildungen und 4 Tafeln. VIII, 219 Seiten. 1934. RM 21.—; gebunden RM 22.50

C. J. Smithells, Beimengungen und Verunreinigungen in Metallen. Ihr Einfluß auf Gefüge und Eigenschaften. Erweiterte deutsche Bearbeitung von Dr.-Ing. **W. Hessenbruch,** Heraeus Vakuumschmelze A.-G., Hanau. Mit 248 Textabbildungen. VII, 246 Seiten. 1931. Gebunden RM 29.—

**Abzüglich 10% Notnachlaß. Ⓦ = Verlag von Julius Springer-Wien.*

Verlagsbuchhandlung Julius Springer in Berlin und Wien

2. 35. 330.

Printed in Germany.

Batch number: 10578403

Printed by Printforce, the Netherlands